全国船舶工业职业教育教学指导委员会"十三五"规划教材

电路基础实训指导

主　编　华春梅　王丽琴
主　审　李　妍

哈尔滨工程大学出版社
Harbin Engineering University Press

内容简介

本书以《电路基础实训课程教学大纲》为依据,在原版《电路基础实训指导》的基础上,增加了电气测量和一些必备的基础知识。实训内容根据循序渐进的原则按照先直流后交流、先单相后三相、先稳态后暂态的顺序安排。全书除绪论外,共有5个模块,其中模块1中任务1.1至任务1.4为基础知识学习,任务1.5为认识实验。模块2至模块5中共有29个实验任务,包括直流电路、交流电路、磁路、电路暂态过程等方面的实验、实训内容;另外本书还配有15个微课视频用以辅助教学,通过扫描书中的二维码即可观看、学习。本书实验任务依据的实验设备是"亚龙YL-GD型高性能电工技术实验装置",约有80%的实验任务可为各个学校套用,约有20%的实验任务经另行选配参数后,也能在大多数学校进行。

本书是船舶行指委"十三五"规划教材,适用于高职学生的实验教学和实训拓展,是加强实践教学环节,培养高级应用型人才的教学用书,也可以作为相关专业工程技术人员的基础指导用书。

图书在版编目(CIP)数据

电路基础实训指导/华春梅,王丽琴主编. —哈尔滨:
哈尔滨工程大学出版社,2020.8(2021.9 重印)
ISBN 978 - 7 - 5661 - 2701 - 3

Ⅰ.①电… Ⅱ.①华… ②王… Ⅲ.①电路理论 -
高等职业教育 - 教材 Ⅳ.①TM13

中国版本图书馆 CIP 数据核字(2020)第 137964 号

选题策划　史大伟　薛　力
责任编辑　丁月华
封面设计　李海波

出版发行　哈尔滨工程大学出版社
社　　址　哈尔滨市南岗区南通大街 145 号
邮政编码　150001
发行电话　0451 - 82519328
传　　真　0451 - 82519699
经　　销　新华书店
印　　刷　哈尔滨市石桥印务有限公司
开　　本　787 mm×1 092 mm　1/16
印　　张　10.5
字　　数　260 千字
版　　次　2020 年 8 月第 1 版
印　　次　2021 年 9 月第 2 次印刷
定　　价　28.00 元
http://www.hrbeupress.com
E-mail:heupress@ hrbeu.edu.cn

船舶行指委"十三五"规划教材编委会

前　言

　　高等职业教育是我国高等教育的一个新的类型,它的产生加速了我国高等教育的发展,为我国整个民族素质的提高和综合国力的发展起到了巨大的推动作用。高等职业教育以社会需求为目标、以培养技术应用能力为主线设计培养方案,在教学内容、教学过程、教学手段、教学方式上凸显了教学的实践性。高等职业教育教学以岗位需要、实践操作为目的,使受教育者和培训的对象熟练地掌握特定职业所需要的技术技能,具有较强的动手能力。

　　电路基础实验是培养学生电路实验基本技能及运用所学的电路理论知识分析、处理实际问题能力的一个重要的实践环节。为了增强这一环节的教学效果,培养高级应用型人才,我们以《电路基础实训课程教学大纲》为依据,在原版《电路基础实训指导》的基础上,增加了电气测量和一些必备的基础知识。实训内容根据循序渐进的原则按照先直流后交流、先单相后三相、先稳态后暂态的顺序安排。全书除绪论外,共有5个模块,其中模块1中任务1.1至任务1.4为基础知识学习,任务1.5为认识实验。模块2至模块5中共有29个实验任务,包括直流电路、交流电路、磁路、电路暂态过程等方面的实验、实训内容;另外本书还配有15个微课视频用以辅助教学,通过扫描书中的二维码即可观看学习。

　　本书在编写过程中,尽量注意教材的通用性,依据的实验设备是"亚龙YL-GD型高性能电工技术实验装置",本书的实验任务约有80%可为各个学校套用,约有20%经另行选配参数后,也能在大多数学校进行。本书绪论、模块1、模块2由华春梅编写,模块3、模块4、模块5由王丽琴编写;万用表测电压、万用表测电阻、固定电容检测、最大输出功率、功率因数的提高、串联谐振电路等6个微课由华春梅制作,其余微课由王丽琴制作;李妍对全书内容进行了审核。本书编写过程中还全程受到了浙江友联修造船有限公司生产管理部副经理盛毅的认真指导,并根据实际对全书的结构提出了宝贵意见,在此表示感谢!

　　尽管本书在编写过程中受到多位专家老师的指导,并参阅了很多书籍,但错漏之处在所难免,恩请读者朋友批评指正!

编　者

2020 年 4 月

目　　录

绪　　论

科学实验是研究自然科学极为重要的手段。科学理论的建立和发展,往往要以大量的科学实验为依据。即使是由既有规律通过逻辑推理或数学推导建立起来的理论,也要经过许多实验的检验。电气设备的安装、调试和运行是否符合规范,要通过大量的实验才能确认。因此,技术人员必须具备一定的实训技能。"电路基础实训"是一门以实训为主的技术基础课。它的主要目的是培养学生电路实验、实训基本技能,培养学生运用所学电路基础理论知识分析、解决实际问题的能力,为今后的专业课实验和生产实践打下坚实的基础。

1. 课程的目的

(1)培养学生的电路实验基本技能。学生通过实验,学会使用各种常见的电路仪表和常用的电路实验设备,按电路图正确连接实验线路;通过观察实验现象,能分析并排除简单故障,正确记录和处理实验数据,分析实验结果,写出实验报告。

(2)理论联系实际,培养学生分析和解决实际问题的能力,巩固和加深所学到的电路基础理论知识。

(3)使学生获得电气测量和电路仪表的常识。

(4)培养学生实事求是、严肃认真的科学作风和良好的实验习惯。

2. 课程的进行方式

本书中的电气测量和电路仪表的基本知识,一般由教师课堂讲授,部分内容也可由学生自学。

为使实验课能获得预期的效果,要做到课前认真预习,课上认真实施实验,课后认真完成实验报告。

(1)预习

预习时要仔细阅读实训教程,复习有关的电路基础、电气测量和电路仪表的理论知识,明确实验的目的和要求,了解实验原理、线路、方法和步骤,对实验中要观察哪些现象、记录哪些数据、注意哪些事项做到心中有数。如果实验还要求事先计算或自行设计实验方案,规划实验步骤的,也应在预习时完成。

实验能否顺利进行和富有成效,很大程度上取决于预习是否充分。

(2)实施实验

①准备工作

学生到实验室后,应先认真听取指导教师对本次实验的说明,然后到指定的桌位做好以下准备工作:

ⓐ清点仪表设备。应先按教材所列,配齐本次实验要用的仪表设备。要注意记录仪表的类型、规格和编号,了解它们的使用方法,并检查仪表指针的初始位置是否正确,指针摆动是否灵活。

ⓑ本组同学之间做好接线、操作、记录、监护等项工作的分工,并注意在各次实验中合理轮换。

②连接实验线路

接线应在断开电源的情况下进行。接线时,要按照电路的结构特点,先连接主要的串联电路,然后再连接分支电路。遇到复杂一些的电路时,可先把电路分成较简单的几个组成部分,把各组成部分分别接好后,再依次将它们连成完整的电路。

所有仪表设备的布局及布线,要尽量做到安全、方便、整齐和减少相互影响。

要注意选择导线的长短和粗细。为了便于检查连接线路是否正确,通常可根据电路的结构特点选用不同颜色的连接导线。

导线之间的连接应牢靠,接线接头不宜过分集中于某一点,仪表上若非不得已,一个端钮不接两根或两根以上的连接导线。例如,将图0-1(a)所示原理电路,接成实际的实验线路,图0-1(b)表示接线较合理的情形,而图0-1(c)则表示接线欠合理的情形。

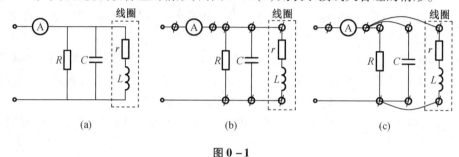

图 0-1

③检查实验线路

实验线路连接好之后,要经过接线者自查和同组其他同学的互查,检查线路的连接是否正确,所用仪表的量程和极性是否符合要求,滑线变阻器滑动触点的位置是否合适,实验所用可调电源是否预置在输出电压最小的位置。一些复杂的实验线路还要经过指导教师的复查,确认合格后方可接通电源。

④接通实验电源

接通电源时要眼观全局,注意观察仪表设备所发生的现象。若无异常,再读取实验数据。

⑤操作、观察和记录

操作前要做到心中有数,目的明确。操作要胆大心细,同时认真观察实验现象,并应用所学电路基础、电气测量和电路仪表的理论知识分析实验现象是否正常。实验现象和实验数据应正确、完整、清晰地记录在事先准备好的表格内。

改接实验线路应在断开电源的情形下进行。

有的实验操作比较复杂,读取的实验数据又比较多,此时同组同学之间既要分工明确,又要注意相互配合,齐心协力做好实验。

⑥扫尾工作

完成规定的全部实验项目,先根据所学理论知识和实验要求,自查实验记录是否合理和完整,待指导教师审核实验记录后方可拆线,将仪表设备归还原处并加以整理,做好环境清洁工作。

(3)编写实验报告

实验报告是实验工作的全面总结,要用简明的形式将实验情况完整、真实地表达出来。实验报告应力求字迹工整、条理清楚、数据真实、图表清晰、分析合理、讨论深入、结果正确。

完整的实验报告一般应包括以下内容：

①实验日期、班级、组别、本人及同组实验者的姓名和学号；

②实验名称；

③实验目的；

④实验仪表设备的名称、型号、主要规格和编号；

⑤实验原理、实验任务、实验电路图和实验步骤；

⑥数据图表及分析计算示例；

⑦实验结论或问题讨论。除了回答教材中的讨论问题或教师给定的思考题外，还可总结实验中的心得体会（如分析实验误差，提出实验的改进意见，概括处理故障的过程及其经验）。

3. 实验安全规则

为确保仪表设备和人身的安全，学生进入实验室后一定要遵守实验安全规则：

（1）进行实验要严肃认真，不做与规定实验无关的事。

（2）熟悉实验室的直流电源和交流电源，了解它们各自的电压、电流额定值和控制方式，区分直流电源的正负极。

（3）未清楚实验仪表设备的使用方法之前，不得使用。使用时，要轻拿轻放，放置稳妥，避免摔坏仪表。

（4）实验线路接好后，应经过认真自查及互查，并通知全组人员知道，才能接通电源。

（5）每次实验都应先试合电源，然后再正式进行测试。实验室所用电源多数是可调的。实验时，实验电压应从零开始逐步调至所需数值，同时注意观察仪表指示是否正常，有无声响、冒烟、焦臭、闪弧等异常现象。一旦发生异常情况应立即切断电源，报告指导教师，然后根据现象分析查找原因，待故障消除后重新接通电源。

（6）实验中不得用手触摸线路中带电的裸露导体。改接线路及拆线应在断开电源、电容器用导线短接放电后进行。当人体触及 36 V 以上的电压时，就有可能引发触电事故，在地面潮湿的情况下安全电压更低。万一有人触电，应立即切断电源。

（7）操作前应规划好步骤，不能盲目乱动。实验中应按实验教材或教师指定的数值，调节电压、电流和电路参数。

（8）未经允许，不得改动实验室的配电板和更换保险丝，不得擅自拆卸仪表和实验设备。

（9）实验完毕后应立即切断电源。

4. 故障的检查和处理

实验中会遇到因断线、短路、接错线等原因引起的故障，使电路工作不正常，严重时还会损坏仪表设备和危及人身安全。

若实验电路出现严重短路或其他可能损坏仪表设备的故障时，应立即切断电源，然后再根据现象进行分析，找出故障原因。

查找故障原因时，一般应先复查接线及仪表设备的选用是否正确。此外，还可利用电压表和欧姆表对故障电路进行检查。

（1）电压表法

若故障不严重、不致损坏仪表设备，可维持原电路工作状态或降低电源电压，然后用电压表去测量可能产生故障的各部分电压，根据被测电压的有无、大小和极性，一般可以找出故障处。例如,单个电源作用的无分支电阻电路,电流表完好但指示值为零,我们不难判断实验线路中有电阻器或连接导线断线。这时,可用合适的电压表去测量各电阻器和各段导线的端电压,电压为零者完好,否则就是断线处。

（2）欧姆表法

欧姆表通常是用来粗略测量电阻阻值的仪表。断开电源的情形下,还可利用欧姆表检查各电阻器件是否完好,无源支路是否连通,连接导线是否断线,导线连接处接触是否良好,以便寻找短路和断路故障。

如果电路中检查出现断线情况,则应将断线换下;如果导线没有断,而是接点虚焊,应重新焊接。如果检查时发现有短路情况,则应将短路线拆除,或将出现短路的仪器撤出电路。

模块 1 电 气 测 量

电气测量是利用电路仪表,通过实验的方法将被测的电量(电压、电流、功率等)或磁量(磁感应强度、磁通等)与作为单位的同类标准电量或磁量进行比较,从而确定被测量大小的过程。只有通过电气测量,才能掌握电路设备的运行状况,认识电磁规律。因此,电气测量对生产、教学、科研都有十分重要的意义。

本模块的主要内容包括:电气测量的基础知识,常用电工仪器仪表的原理及使用,用万用表对电压、电流、电阻进行实际测量。

任务 1.1 电气测量的基础知识

1.1.1 电气测量常用的方法

1. 直接测量法

直接测量法是使用有相应单位刻度的仪表对被测量进行测量,如用电压表测量电压、电流表测量电流、欧姆表测量电阻等。

2. 间接测量法

间接测量法是通过测量几个与被测量有一定函数关系的物理量,然后按函数关系计算出被测量的大小。如工程上用伏安法测电阻,即先测出电阻上的电压 U 和电流 I,然后根据欧姆定律($R = U/I$)算出电阻 R 的大小;再如通过测得的 U 和 I,来计算出电源的电动势 E 和内阻 r。

3. 比较测量法

比较测量法将被测量与标准量进行比较,而获得被测量大小的方法。如用电桥测量电阻,用电位差计测量电动势等。比较测量法的准确度高,但需备有精密的计量器件(如精密电阻、标准电池等)。

1.1.2 测量误差及其产生的原因

在实际测量中,由于测量工具不够准确、测量方法不够完善,以及各种因素诸如测量者的经验和识别能力局限性的影响,测量结果不可能是被测量的真实值,而只是它的近似值,测量值与被测量的真实值之间的差异叫作测量误差。

1. 测量误差的表示方法

电气测量误差的表示方法有三种,即绝对误差、相对误差和引用误差,下面分别介绍。

(1)绝对误差 Δ

绝对误差是指仪表的指示值(测得值)A_X 与实际值(真值)A_0 之差,用 Δ 表示,即

$$\Delta = A_X - A_0$$

实际值 A_0 往往是我们预先不知道的,工程上可以由标准表(用来检定工作仪表的、误差很小的仪表)的指示值代替。绝对误差与被测物理量有相同的单位。一般来说,仪表指

针在标尺不同位置时,具有不同的绝对误差,其中有个最大绝对误差 Δ_m。

(2)相对误差 δ

测量不同大小的被测量时,用绝对误差难以比较测量结果的准确程度,这时要用相对误差表示。

相对误差是绝对误差 Δ 与实际值 A_0 的百分比,用 δ 表示,即

$$\delta = \Delta / A_0 \times 100\%$$

由于在一般情况下指示值与实际值比较接近,因而当实际值 A_0 难以确定时,可以用指示值 A_X 代替,这时的相对误差为

$$\delta = \Delta / A_X \times 100\%$$

例 1 – 1 用同一只电压表测量实际值为 100 V 的电压时,指示值为 101 V;测量实际值为 20 V 的电压时,指示值为 19.2 V,求两次测量的绝对误差与相对误差。

解 第一次测量时

$$\Delta_1 = A_{X1} - A_{01} = 101\ \text{V} - 100\ \text{V} = 1\ \text{V}$$

$$\delta_1 = \frac{\Delta_1}{A_{01}} \times 100\% = \frac{1}{100} \times 100\% = 1\%$$

第二次测量时

$$\Delta_2 = A_{X2} - A_{02} = 19.2\ \text{V} - 20\ \text{V} = -0.8\ \text{V}$$

$$\delta_2 = \frac{\Delta_2}{A_{02}} \times 100\% = \frac{-0.8}{20} \times 100\% = -4\%$$

由例 1 – 1 可见,测 20 V 电压时的绝对误差虽然小一些,但它对测量结果的影响却大一些,占了测量结果的 4%。在工程上,凡要求计算测量结果的误差时,一般都用相对误差表示。另外,要注意绝对误差和被测量采用相同的单位,而相对误差是一个纯数。

(3)引用误差 γ

相对误差虽然可以说明测量结果和被测量实际值之间的差异,但还不足以用来评价仪表的准确度(即仪表不同刻度指示值和实际值的符合程度)。这是因为一个仪表的绝对误差的大小,实际上在刻度范围内变化不大而近于一个常数。这样就使得仪表标尺的不同部位,相对误差不是一个常数,而且变化很大。

例如,一只量程为 250 V 的电压表在标尺"200 V"处的绝对误差为 2 V,则该处相对误差为 $\delta_1 = 2/200 \times 100\% = 1\%$,若在标尺"10 V"处的绝对误差为 1.8 V,则该处的相对误差 $\delta_2 = 1.8/10 \times 100\% = 18\%$。$\delta_1$、$\delta_2$ 之所以差别很大,主要是因为在计算相对误差时分子接近于一个常数,而分母却是一个变量。因此,用相对误差来比较仪表的准确程度是不合适的。如果用指示仪表的量程 A_m 作分母,就可以解决上述问题。

引用误差是绝对误差 Δ 与仪表量程 A_m 的百分比,用 γ 表示,即

$$\gamma = \Delta / A_m \times 100\%$$

一般来说,仪表指针在标尺不同位置时,仪表指示值的绝对误差不完全相等而有所差异,符号有正有负。为了评价仪表在准确度方面是否合格,一般用最大引用误差 γ_m 来表示仪表的允许误差

$$\gamma_m = \Delta_m / A_m \times 100\%$$

2.误差的分类和来源

根据误差性质的不同,测量误差一般可分为三类,每类误差产生的原因各不相同。

（1）系统误差

系统误差主要是由于测量仪器仪表的准确度、测量方法和测量环境等引起的，通常可进行估算。

（2）随机误差

随机误差是由偶然因素产生的误差，所以又称偶然误差。

（3）疏失误差

疏失误差是由于操作者粗心、疏忽造成的误差（属异常误差）。

3. 减小误差的方法

（1）对系统误差可采取选用精度高的仪表，改进测量方法，或采用能补偿误差的测量方法等措施。

（2）对随机误差可采取增加测量次数的方法，来抵消偶然误差。

（3）对疏失误差应遵循严谨的科学态度、规范的操作程序，仔细认真读数，并注意及时校对，以减少疏忽造成的误差。

（4）对随机误差和疏失误差，在数据处理时，可采用从变化曲线中剔除奇异点的方法加以修正。

1.1.3　测量结果的数据处理

1. 有效数字的概念

所谓有效数字，是指从数字左边第一个非"0"的数字开始，直到右边最后一个数字为止所包含的数字（包括0）。

测量时记录的有效数字一般由两部分组成，前几位数字是准确可靠的，称为可靠数字（也称为准确数字），最后一位数字一般是在测量读数时估计出来的，称为欠准数字（也叫可疑数字）。因此，有效数字末位的"0"不可随意增减。

为了便于表达，通常采用以10的方幂来表示数据，10的方幂前面的数字都是有效数字。例如，电阻 9.10×10^3 Ω，表示它有三位有效数字。

2. 有效数字的处理

对于测量或计算取得的数据，必须进行处理。如果只取 n 位有效数字，那么第 $n+1$ 位及其以后的数字则采用"四舍六入五配偶"的法则进行处理。具体方法如下：

（1）所要舍去的数字中最左面的第一个数字小于5，则舍去，若大于5，则进1。

（2）所要舍去的数字中最左面的第一个数字等于5，而5之后的数不全为0，则可舍5进1。

（3）所要舍去的数字中最左面的第一个数字等于5，而5之后的数字全为0时，则当5之前的数字为奇数时，则舍5进1；当5之前的数为偶数时（包括0），则舍5不进位。

这里之所以采用偶数法，一方面是因为偶数常能被其他除数除尽，可以减少计算上的误差；另一方面是因为按此法则舍入时，当被加数的个数很多时，正、负舍入误差出现的机会相等，而在总和中，舍入误差将被抵消。

下面是根据以上原则把有效数字保留到小数点后第二位的几个例子：

84.952 3 ··········· 84.95（四舍）

5.826 1 ··········· 5.83（六入）

24.375 1 ··········· 24.38（舍五进一）

34.635 ··············· 34.64（舍五进一）

82.745 ··············· 82.74（舍五不进）

3. 有效数字的运算

（1）加减运算

在电气测量中,参与加减运算的各数据,必须是单位相同的同一物理量。在进行加减运算之前,一定要先统一单位,然后再进行运算。在进行有效数字的加减运算之前,先将参加运算的各个数字的小数点后位数修约到比小数点后位数最少的数只多一位小数。加减运算后,和或者差的小数点后的有效数字,应与运算前小数点后位数最少的那个数据相同。

例 1 – 2　求 $423.25 + 62.3450 + 0.0153 + 4.805$ 四项数据之和。

解　由于四项数据中小数点后最少的是两位,因此,参加运算的数据小数点后保留三位,最后结果则为小数点后两位。

423.25　··············· 423.25

62.345 0　··············· 62.345

0.015 3　··············· 0.015

4.805　··············· 4.805

　+)

　　　　　　　　　　　　490.415

则 $423.25 + 62.3450 + 0.0153 + 4.805 = 490.415 \approx 490.42$

（2）乘除运算

在进行有效数字的乘除运算之前,先将参加运算的各个数字修约到比有效数字位数最少的那个数多保留一位有效数字,最终计算结果的有效数字仍取与有效数字位数最少的那个数相同。

例 1 – 3　求 $13.6 \times 0.056 \times 1.67$。

解　其中 0.056 为两位有效数字,位数最少,则经修约处理,即

$$13.6 \times 0.056 \times 1.67 = 1.271\ 872 \approx 1.3$$

4. 测量结果的数据处理

电气测量的数据处理按下列步骤进行:

（1）把测量数据按测量的先后次序列表。

（2）计算出算术平均值。根据最小二乘法原理可知,测量结果的表示,以多次测量同一被测量的算术平均值为最可靠。测量次数越多,则测量结果的可靠程度越高。若每次测量结果用 a_i 表示,$i = 1, 2, 3, \cdots, n, n$ 为测量次数,那么测量结果的平均值表示为

$$\overline{A} = \sum_{i=1}^{n} a_i / n$$

（3）计算每次测量的绝对误差。把每次测量读数 a_i 与测量结果平均值 $\overline{A}$ 相减得出每次测量的绝对误差,即

$$\Delta_i = a_i - \overline{A}$$

（4）计算方均根误差。对一组绝对误差进行分析时,若以方均根的方法来计算,可排除或减小由系统误差带来的影响,计算最为合理,其表达形式为

$$\delta_\gamma = \sqrt{\sum \Delta_i^2 / n}$$

（5）剔除疏失误差。把方均根误差与各个绝对误差进行比较，剔除超过方均根误差3倍的测量项（这些项视为疏失误差），再重新计算平均值和方均根误差，直至达到各项绝对误差都小于 $3\delta_\gamma$ 为止。

（6）写出测量结果和测量误差的统一表达式，即

$$A = \sum_{i=1}^{n} a_i/n \pm \sqrt{\sum \Delta_i^2/n} = \overline{A} \pm \delta_\gamma$$

误差一般只取一位有效数字，最多取两位有效数字。

5.电表的准确度、灵敏度和分辨率

（1）仪表的准确度

误差说明了指示值与实际值之间的差异程度，而准确度则说明它们之间的符合程度。误差越小，准确度就越高。

仪表的准确度 S 用最大引用误差来表示，即仪表的准确度是指仪表在规定工作条件下，其最大绝对误差对仪表量程的百分数，其关系式为

$$S\% = \frac{|\Delta_m|}{A_m} \times 100\%$$

我国模拟仪表有下列七种等级：0.1,0.2,0.5,1.0,1.5,2.5,5.0，如表1-1所示。

表1-1　模拟仪表有下列七种准确度等级

仪表准确度等级	0.1	0.2	0.5	1.0	1.5	2.5	5.0
仪表的基本误差（以最大引用误差表示）	±0.1%	±0.2%	±0.5%	±1.0%	±1.5%	±2.5%	±5.0%

在规定的正常工作条件下，我们使用指示仪表进行测量，如果仪表的量程 A_m 和准确度 S 已知，则在极限的情况下，仪表允许的最大绝对误差 Δ_m 因不能确定正负，其范围表示为

$$\Delta_m = \pm S\% \cdot A_m$$

由此可以求出使用该仪表测量某一物理量，当指示值为 A_X 时可能出现的最大相对误差

$$\delta_m = \frac{\Delta_m}{A_X} \times 100\% = \frac{\pm S\% \cdot A_m}{A_X} \times 100\%$$

例1-4　分别用量程为100 mA、准确度为0.5的直流毫安表和量程为10 mA、准确度为2.5的直流毫安表在规定的正常工作条件下测量实际值为9 mA的直流电流。求两次测量可能产生的最大绝对误差和相对误差（仪表内阻的影响略去不计）。

解　第一只毫安表测量时

$$\Delta_{m1} = \pm 0.5\% \times 100 = \pm 0.5 \text{ mA}$$

$$\delta_{m1} = \frac{\pm 0.5}{9} \times 100\% \approx \pm 6\%$$

第二只毫安表测量时

$$\Delta_{m2} = \pm 2.5\% \times 10 = \pm 0.25 \text{ mA}$$

$$\delta_{m2} = \frac{\pm 0.25}{9} \times 100\% \approx \pm 3\%$$

从例 1－4 中可以看出,仪表的准确度对测量结果的准确程度(可用测量结果的相对误差表示)影响很大。然而,即使在规定的正常工作条件下使用,仪表的准确度并非就是仪表指示值的准确程度。后者还与被测量的大小有关,只有当仪表应用于满刻度时,指示值的准确程度才等于仪表的准确度;而当被测量越是小于满刻度值时,测量结果的相对误差越是增大并有增至无穷的趋势。因此,不能把仪表的准确度和仪表指示值的准确程度两者混为一谈。选用仪表时,不能单纯追求仪表的高准确度,还必须兼顾仪表的量程,通常应使仪表的指示值至少大于量程的一半。同理,使用高准确度的指示仪表去检定低准确度的指示仪表时,两种仪表的量程应选得尽可能一致。

值得注意的是,记录仪表的指示值时,只保留一位与仪表准确度相适应的欠准数字。

(2)仪表的灵敏度

仪表的灵敏度 K 是,指在稳态标准条件下,输出量的变化量 Δy 与引起该输出变化量的输入量的变化量 Δx 的比值。即

$$K = \frac{\Delta y}{\Delta x}$$

式中,灵敏度 K 一般为常数。

(3)电表的分辨率

通常模拟仪表的分辨率规定为最小分格度的一半。

数字仪表的分辨率规定为最后一位的量值。

【练习与思考】

1－1 用量程为 10 A 的电流表去测量一实际值为 8 A 的电流,指示值为 8.1 A。求测量的绝对误差和相对误差。若所求得的绝对误差就是最大绝对误差,电流表在规定的正常工作条件下使用,仪表内阻略去不计,问该电流表的准确度应为哪一级?

1－2 用 0.5 级 300 V 量程的电压表和 1.0 级 75 V 量程的电压表在规定的正常工作条件下分别测量 60 V 的电压(电压表内阻认为是无穷大),试比较它们测量结果可能出现的最大相对误差。从这里可以得到什么启示?

1－3 要测量 110 V 的电压,要求测量结果的相对误差不大于 ±1.0%,问应选用 150 V 量程的哪一级电压表(电压表内阻可视作无穷大)?

任务 1.2　常用电工仪器仪表

1.2.1　常用电工仪器仪表的一般知识

1. 电工仪表概述

电气测量是电路实验与实训中不可缺少的一个重要组成部分,它的主要任务是借助各种电工仪器仪表,对电流、电压、电阻、电能、电功率等进行测量,以便了解和掌握电气设备的特性、运行情况,检查电气元器件的质量情况。由此可见,正确掌握电工仪器仪表的使用是十分必要的。

在电气测量技术中,测量的电量主要有电流、电压、电阻、电能、电功率和功率因数等,测量这些电量所用的仪器仪表,统称为电工仪表。

2. 电工仪表的分类

电工仪表的种类繁多,分类方法也各有不同。按照电工仪表的结构和用途大体可分为五类。

(1)指示仪表类

指示仪表类可直接从仪表指示的读数来确定被测量的大小,有安装式、便携式两种。

(2)比较仪器类

比较仪器类需在测量过程中将被测量与某一标准量比较后才能确定其大小。如直流电桥、电位差计、标准电阻箱、交流电桥、标准电感、标准电容器等。

(3)数字式仪表类

数字式仪表类直接以数字形式显示测量结果。如数字万用表、数字频率计。

(4)记录仪表和示波器类

该类有 $X—Y$ 记录仪、示波器等。

(5)扩大量程装置和变换器

该类有分流器、附加电阻、电流互感器、电压互感器等。

3. 指示仪表的分类

指示仪表是应用最广和最常见的一种电工仪表。指示仪表的特点是把被测电量转换为驱动仪表可动部分的角位移,根据可动部分的指针在标尺刻度上的位置,直接读出被测量的数值。指示仪表的优点是测量迅速,可直接读数。

常用指示类仪表又可以按以下七种方法分类。

(1)按仪表的工作原理分

按仪表的工作原理分,常用的有电磁式、电动式和磁电式。其他还有感应式、振动式、热电式、热线式、静电式、整流式、光电式和电解式等。

(2)按测量对象的种类分

按测量对象的种类分,有电流表(又分安培表、毫安表、微安表)、电压表、功率计、电阻表和电度表等。

(3)按被测电流种类分

按被测电流种类分,有直流仪表、交流仪表、交直流两用仪表。

(4)按使用方式分

按使用方式分,有安装式仪表和便携式仪表。安装式仪表固定安装在开关板或电气设备的面板上,造价低廉。这种仪表准确度较低,但过载能力较强。便携式仪表不作固定安装使用,有的可在室外使用(如万用表、兆欧表),有的在实验室内作精密测量和标准表用。这种仪表准确度较高,但过载能力较差,造价较贵。

(5)按仪表的准确度分

按仪表的准确度分,有0.1,0.2,0.5,1.0,1.5,2.5 和5.0 七个等级。

仪表的级别表示仪表准确度的等级。所谓几级是指仪表测量时可能产生的误差占满刻度的百分之几。表示级别的数字越小,精度越高。

0.1,0.2 级仪表用于标准表和检验仪表。

0.5,1.5 级仪表用于实验时测量用。

2.5,5.0 级仪表用于工程测量,一般装在配电盘和操作台上。

(6)按仪表使用的气温、湿度等环境条件分

按仪表使用的气温、湿度等环境条件分为 A、B、C 三组。

A 组:工作环境在 0~40 ℃,相对湿度在 85% 以下。

B 组:工作环境在 -20~50 ℃,相对湿度在 85% 以下。

C 组:工作环境在 -40~60 ℃,相对湿度在 98% 以下。

(7)按对外界磁场的防御能力分

按对外界磁场的防御能力分为Ⅰ、Ⅱ、Ⅲ、Ⅳ四个等级。

4.指示仪表的型号

(1)便携式仪表

便携式仪表的型号由系列代号、设计序号、用途号三组信息组成,如下所示:

系列代号　　C——磁电系　　　　T——电磁系

　　　　　　D——电动系　　　　G——感应系

用途号　　　A——电流表　　　　V——电压表

　　　　　　W——功率表　　　　φ——相位表

例如:T19 - A 表示电磁系电流表。

(2)开关板式仪表

开关板式仪表的型号包含外形尺寸代号、系列代号、设计序号和用途号四组信息,如下所示:

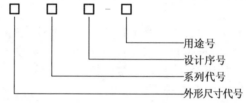

开关板式仪表系列代号和用途号的意义和便携式仪表一样。例如1C2 - V 表示磁电系电压表。

指示仪表的型号通常标示在仪表表面(刻度盘)上。

5.指示仪表的表面标记

在每只指示仪表的表面上,都有各种符号标记,用来表示该仪表的工作原理、被测量单位、准确度等级、正常工作位置、防御外来电磁场能力、使用环境等技术特性,以便正确选择和使用仪表。

表1 -2 给出了一些常见的指示仪表的表面标记。

表 1 -2

分类	符号	含义	分类	符号	含义
电流种类	—	直流	外界条件	⚠	A 组仪表
	∼	交流		⚠	B 组仪表
	≈	交、直流两用		⚠	C 组仪表
工作原理	∩	磁电式仪表		⊡	Ⅰ级防外磁场(例如磁电式)
	彡	电磁式仪表		日	Ⅰ级防外电场(例如静电式)
	⊕	电动式仪表		Ⅱ	Ⅱ级防外磁场和电场

表1-2(续)

分类	符号	含义	分类	符号	含义
工作原理	⍁	整流式仪表	外界条件	Ⅲ Ⅲ	Ⅲ级防外磁场和电场
	⊕	感应式仪表		Ⅳ Ⅳ	Ⅳ级防外磁场和电场
	⊥	静电式仪表	绝缘强度	☆	不进行绝缘强度试验
	∩x	磁电式比率表		☆	绝缘强度试验电压为500 V
	⊠	电动式比率表		☆2 或 ⚡2kV	绝缘强度试验电压为2 kV
准确度等级	1.5	以表尺量程的百分数表示	端钮	+	正级
	⌄1.5	以表尺长度的百分数表示		−	负极
	Ⓛ1.5	以指示值的百分数表示		*	公共端钮
工作位置	⊥	标尺位置垂直		⏚	接地用端钮
	⊓	标尺位置水平		⏚	接外壳端钮
	∠60°	标尺位置与水平面夹60°角		⌀	接屏蔽端钮

使用仪表前,应注意观察表面标记,了解这些表面标记所代表的意义,以便初步确定该仪表是否符合测量要求。

6.指示仪表的主要技术要求

国家标准对电工仪表的质量提出全面的要求如下:

(1)要有足够的准确度。为此,仪表应按规定,定期进行校验。

(2)变差要小。所谓变差,是指仪表在重复测量某一被测量时,由于摩擦等因素的不均匀造成两次指示值的不同,它们的差值称为变差。对于指示仪表,重复测量被测量 A_0,当由零向上限值逐渐增加时,指示值为 A'_x,而由上限向零逐渐减小时,指示值为 A''_x,则要求变差 $\Delta x = A'_x - A''_x$ 不超过基本误差。

(3)受外界温度、外来电磁场等因素影响引起的附加误差符合有关规定。

(4)仪表本身功率消耗小。仪表在测量时,本身也必然要消耗一定的功率。为了减小接入仪表对电路原来工作状况的影响,要求仪表本身功率消耗要小。

(5)刻度尽可能均匀,便于读数。

(6)要有合适的灵敏度。灵敏度高的指示仪表,即使被测量微小也可以引起其活动部分足够的偏转。

(7)有一定的耐压能力和过载能力。

(8)阻尼良好。由于仪表的活动部分具有惯性,测量时指针常不能立即停止在平衡位置并指示出被测量的大小,而要在平衡位置附近来回摆动一段时间。为此,仪表中常装设各种阻尼器来产生与运动方向相反的阻尼力矩,以便指针很快停止摆动,从而在较短时间内指示出被测量的大小。

【练习与思考】

1-4　某便携式指示仪表的型号为 D-26W,则该仪表用来测量_____,从工作原理来讲属于_____系列。

1-5　图 1-1 所示仪表的表面标记说明该仪表的型号为_____,可用来测量_____,从工作原理来讲属于_____系列,绝缘强度试验为_____,使用时标尺平面应垂直放置,准确度等级为_____,防御外磁场能力为_____级,使用的环境条件为_____组。

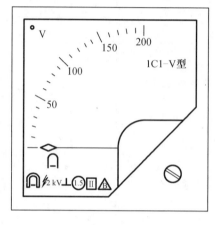

图 1-1

1.2.2　电工测量仪表的选择、使用和维护

1. 仪表选择

（1）类型选择

除了根据用途选择仪表的种类外,还可以根据使用环境和测量条件来选择仪表,如配电盘、开关板适合选用垂直安装的类型,而实验室则可选用水平放置的仪表。

（2）准确度的选择

在使用仪表时,必须合理选择仪表的准确度,不要盲目追求高准确度。对一般的测量来说不必使用高准确度的仪表。因为仪表准确度越高价格越贵,从而使设备成本增加,这是不合算的。而且准确度越高的仪表使用时对工作条件的要求也就越高,如要求恒温、恒湿、无尘等,在不满足工作条件的情况下,测量结果反而不准确。另外,也不应使用准确度过低的仪表而造成测量数据误差太大。因此仪表的准确度要根据实际需要确定。

（3）量程选择

当使用同一个仪表时,量程选择的恰当与否也会影响测量的准确度。仪表量程的选择应根据被测量值的可能范围决定。被测量值范围较小时要选用较小的量程。如选用太大的量程,则测量结果误差就较大。下面举一个例子说明选择合适的量程的重要性。

例如,用一只 2 级的量程为 $0.5 \sim 10$ A 的电流表去测量 4 A 的电流,当用 10 A 量程(即满刻度为 10 A)测量时,可能产生的误差为 $10 \text{ A} \times 2\% = 0.2 \text{ A}$;但当用 5 A 量程(即满刻度为 5 A)测量时,可能产生的误差只有 $5 \text{ A} \times 2\% = 0.1 \text{ A}$。显然,对同一个仪表,用小量程测量比用大量程测量准确度高。

因此在选择量程时应尽量使被测量的值接近于满刻度值,而另一方面,也要防止超出满刻度值而使仪表受损。所以通常选择量程时应使读数占满刻度值的2/3左右为宜。至少也应使被测量值超过满刻度值的一半。当被测电流大小无法估计时,可将多量程仪表先置于最大量程挡,然后根据仪表的指示调整量程,使其使用合适的量程挡。

（4）仪表内阻选择

当仪表接入被测电路后,仪表线圈电阻会影响原有电路的参数和工作状态,以至影响测量的准确性。例如,电流表是串联接入被测电路的,仪表内阻增加了电路的电阻值,也就相应地减小了原电路的电流,这势必影响测量结果,所以要求电流表内阻越小越好。电流表量程越大,内阻应越小。再如电压表是并联接入被测电路的,它的内阻减小了电路的电阻值,使被测电路两端的电压发生变化,影响测量结果,所以电压表内阻越大越好。电流表量程越大,内阻应越大。

2.指针式仪表测量中应该注意的一般问题

（1）刻度

各种指针式仪表,不论是磁电式、电磁式,还是电动式仪表,都采用面板刻度方式显示读数。根据不同的测量原理,面板上的刻度有的是均匀的,有的是不均匀的,例如磁电式仪表指针的偏转角与电流的大小成正比,面板上的刻度是均匀的;而电磁式仪表指针的偏转角与电流的二次方成正比,在同一量程内,起始段电流越小,刻度越密,后面电流越大,刻度越稀。

（2）量程

仪表的量程是指允许测量的最大值,不同的量程代表不同的允许测量的最大值,因此应根据被测量的数值选用合适的量程。实验室用仪表大多是多量程仪表,常有好几个接线端钮,而指示面板刻度通常只有一条基本量程刻度,故测量时要注意量程的选择应与对应的接线端钮一致。量程应根据所测电量的大小选定,如果被测电量的大小无法估计,则应用量程最大端钮预测,然后根据预测值选择适当的量程。

（3）仪表的机械零位校正

大多数指针式仪表设有机械零位校正,校正器的位置通常装在与指针转轴对应的外壳上,当线圈中无电流时,指针应指在零的位置。如果指针在不通电时不在零位,应当调整校正器旋钮使指针指向零点。在校正前要注意仪表的放置位置必须与该表规定的位置相符。如果规定位置是水平放置,则不能垂直或倾斜放置,否则仪表指针可能不指向零位,这不属于零位误差。必须在放置正确的前提下再确定是否需要调零,并且保证在全部测量过程中仪表都放置在正确位置,以保证读数的准确性。

（4）连接

测量仪表接入电路时,应以尽量减少对原有电路的影响为原则。例如,测量电压时,若电路电阻较大,则应用高内阻电压表。若电压表已确定,则在保证允许误差的前提下选用较大的量程,因为在同一仪表中量程大其内阻也相应增加,对电路影响就小。相反,对于电流测量,若电路电阻很小,则应选用低内阻电流表。这在电路电阻与仪表内阻二者相近（例如,处于同一数量级或只差一个数量级）时显得特别重要,以减小仪表接入误差。

仪表与被测量连接至少有两个端钮,每个端钮均应正确连接。对于测量直流量来说,必须把正、负端分辨清楚,"＋"端与电路正极性端相连接,"－"端与电路负极性端相连接,

电路基础实训指导

不能反接,以防反偏而打坏指针。对于测量交流量来说,应注意电路的相线和中性线,从保证仪表和人身的安全角度考虑连接方式。虽然从原理上说一般无极性要求,有时考虑到屏蔽和安全需要,通常把仪表黑端钮(公共端)或"＊"端与电路中性端(或地端)相连,而把红端钮(用～表示端)与电路相线端相连。

(5)仪表的读数方式

读取仪表的指示值应在指针指示稳定时进行,如果指示不能稳定,则应检查原因,并消除不稳定因素。若因电路原因造成指针振荡性指示,一般可以读取其平均值,若测量需要,应把其振幅量读出(即读出指针摆动范围)。为了得到准确的读数,在精度较高的仪表面板上设立了一个读数镜面,读数时应使视线置于实指针和镜中虚指针相重合的位置再读指示值,以保证读数的准确性,减少读数误差。

3.仪表的维护

各种仪表应在规定的正常工作条件下使用,即要求仪表的放置位置正常,周围温度为20 ℃,无外界电场和磁场(地磁场除外)的影响。用于工频的仪表,电源频率应该是 50 Hz。另外还应满足仪表本身规定的特殊条件,例如恒温、防尘、防震等,以保证测量的准确度。

仪表在使用前应检查,注意端钮是否开裂,短接片是否可靠连接,外引线有无断开,指针有无卡、涩现象等。仪表应定期进行准确度校验,保证其测量性能。

仪表不使用时,应在断电条件下存放。如表内有电池,应将电池取出,防止电池漏液腐蚀机芯。精度越高的仪表,对存放环境条件的要求也越高。

1.2.3 常用电工仪表的工作原理

电工仪表的种类很多,就指针式仪表而言,其结构和工作原理也不尽相同。下面对磁电式、电磁式、电动式仪表的结构和工作原理进行简单的介绍。

1.磁电式仪表的工作原理

磁电式仪表的结构如图 1－2 所示。

磁电式仪表的工作原理是:当直流电流 I 通过可动线圈时,可动线圈与磁场方向垂直的每边导线受到与电流大小成正比的电磁力的作用。电磁力使可动线圈转动,转动力矩当然也和电流大小成正比。

在转动力矩的作用下,可动线圈朝一定方向转动,同时与可动线圈固定在一起的游丝因可动线圈偏转而发生变形,产生一个正比于指针偏转角 α 的反作用力矩,当反作用力矩与转动力矩相等时,指针会停留在一个稳定的位置上,则指针在标度尺上指出待测量的数值,指针的偏转与通过线圈的电流成正比,即 $\alpha = K \cdot I$,式中 K 是单位电流通过磁电式测量机构产生的指针偏转角,称为磁电式测量机构的灵敏度,它是常数。

磁电式测量机构的刻度是均匀的,使用时注意事项如下:

(1)测量时,电流表要串联在电路中,电压表要并联在电路中。

(2)使用直流表,电流要从"＋"极进入,否则指针将反偏。

(3)一般的直流仪表不能用来测量交流电,当误接入交流电时,指针不动,如果电流过大,会损坏仪表。

(4)磁电式仪表过载能力较低,注意不要过载。

2. 电磁式仪表的工作原理

电磁式仪表结构如图 1 – 3 所示。

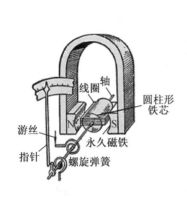

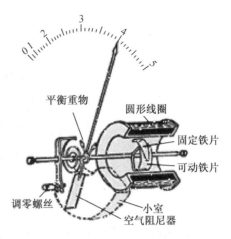

图 1 – 2 磁电式仪表的原理结构示意图   图 1 – 3 电磁式仪表的原理结构示意图

电磁式仪表的工作原理是在线圈内有一块固定铁片和一块装在转轴上的可动铁片。当电流通入仪表后,载流线圈产生磁场,固定铁片和可动铁片同时被磁化,并呈同一极性。由于同极相斥,铁片间产生一个排斥力,可动铁片转动,同时带动转轴与指针一起偏转。当与弹簧反作用力矩平衡时,便获得读数。电磁式仪表转动力矩的大小与通入电流的二次方成正比,指针的偏转由转动力矩所决定,所以标尺刻度是不均匀的,即非线性的。

(1)电磁式仪表的优点

①适用于交、直流测量。

②过载能力强。

③可无须辅助设备而直接测量大电流。

④可用来测量非正弦量的有效值。

(2)电磁式仪表的缺点

①标度不均匀。

②准确度不高。

③读数受外磁场影响。

3. 电动式仪表的工作原理

电动式仪表结构如图 1 – 4 所示。

电动式仪表由固定线圈(电流线圈与负载串联,以反映负载电流)和可动线圈(电压线圈串联一定的附加电阻与负载并联,以反映负载电压)所组成,当它们通有直流电流 I_1 和 I_2 时,固定线圈就产生磁场,这个磁场对可动线圈中的电流产生电磁力 F,从而使可动线圈偏转。电磁力 F 及转动力矩 M 都与固定线圈电流所产生磁场的磁感应强度 B_1 及可动线圈电流 I_2 的乘积成正比,而 B_1 又正比于固定线圈电流 I_1,所以转动力矩 M 正比于 I_1 和 I_2 的乘积,即

$$M = KI_1I_2$$

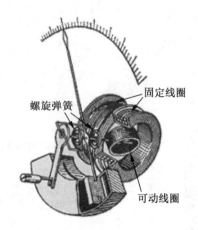

螺旋弹簧　　　　固定线圈

可动线圈

图 1-4　电动式仪表的原理结构示意图

在转动力矩的作用下,可动部分向一定的方向偏转,旋紧游丝从而产生一个正比于可动部分偏转角的反作用力矩。当转动力矩和游丝的反作用力矩相等时,可动部分处于平衡位置,指针的偏转角

$$\alpha = KI_1 I_2$$

当电动式仪表的固定线圈和可动线圈分别通以正弦电流 i_1、i_2 时,则

$$\alpha = K i_1 i_2 \cos \varphi \qquad (1-1)$$

式中,φ 为 i_1 与 i_2 之间的相位差。式(1-1)表明,电动式仪表的指示值反映了其固定线圈和可动线圈通过的正弦交流电流有效值以及它们之间相位差余弦的乘积。

(1)电动式仪表的优点

①适用于交直流测量。

②灵敏度和准确度比用于交流测量的其他类型的仪表要高。

③可用来测量非正弦量的有效值。

(2)电动式仪表的缺点

①标度不均匀。

②过载能力差。

③读数受外磁场影响大。

4.整流式仪表的工作原理

(1)磁电式仪表测量交流电流和电压

如果磁电式仪表可动线圈的电流 $i(t)$ 的大小和方向都是随时间周期性变化即交变的,则转动力矩也是交变的。由于仪表可动部分的惯性,可动部分的偏转无法跟上瞬时转矩 $m(t)$ 的变化。对于频率在音频范围的交变电流,磁电式仪表可动部分的偏转角取决于瞬时转矩在一个周期内的平均值即平均转矩 M_{av}。

由于瞬时转矩 $m(t)$ 和 $i(t)$ 成正比,所以平均转矩 M_{av} 一定和 $i(t)$ 在一个周期内的平均值 I_{av} 成正比。I_{av} 越大,M_{av} 也越大,磁电式仪表指针平衡时的偏转角 α 也就越大。可见,磁电式仪表指针的偏转角 α 反映了被测电流的平均值 I_{av},即

$$\alpha = K \cdot I_{av} \qquad (1-2)$$

式(1-2)表明,磁电式仪表的测量基本量是一个周期内的平均值不为零的变动电流(或电压)的平均值。对于直流电,$I_{av} = I$。

不管正弦交流电流的有效值如何大,其平均值 I_{av} 总是为零。磁电式仪表无法直接用来测量正弦交流电。如果将磁电式仪表误接正弦交流电,其指针虽然没有指示,仪表的可动线圈中却仍然有电流流过,电流过大时还会损坏游丝和可动线圈。

(2)整流式仪表测量正弦交流电流(或电压)

磁电式仪表不能直接用来测量正弦交流电流(或电压)。若把磁电式仪表配上整流电路,就可以构成能测量正弦交流电流(或电压)的整流式仪表。

万用表的交流电流挡和电压挡是最常见的整流式仪表。通常万用表采用两只晶体二极管 VD_1 和 VD_2 组成图1-5(a)所示的半波整流电路。当被测正弦交流电流在正半周期时,电路中的 A 点为高电位端,B 点则为低电位端,晶体二极管 VD_1 正向导通,晶体二极管 VD_2' 反向截止,表头流过电流;在负半周期时,A 点为低电位端,B 点为高电位端,VD_1 截止,表头无电流流过,此时 VD_2 导通,使 VD_1 只受较低的反向电压作用从而避免被击穿。因此在测量交流电流 i 时,通过表头的是如图1-5(b)所示的单向脉动电流。

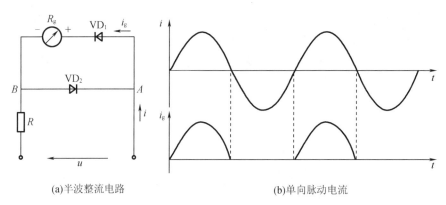

(a)半波整流电路   (b)单向脉动电流

图1-5 整流式仪表的工作原理

很明显,磁电式表头的指示值即整流式仪表的指示值应该反映被测交流电流 $i(t)$ 经整流后的平均值(简称整流平均值)。换句话说,整流式仪表的测量基本量是被测交流电流(或电压)经整流后的平均值。

工程实际中,常常需要应用整流式仪表测量正弦交流电的有效值,从电路基础理论可以知道,被测正弦电流的有效值 I 和它经过半波整流后脉动电流的平均值 I_{av} 之间有以下确定的关系

$$I = 2.22 I_{av} \qquad (1-3)$$

所以只要将整流平均值刻度乘以 2.22 就可改刻成为有效值,而且半波整流的整流式仪表制造时就已经按式(1-3)的关系换刻了标尺。

另外还有一些整流式仪表,采用全波整流的整流电路,由于正弦电流的有效值和它经过全波整流后的脉动电流的平均值的关系为

$$I = 1.11 I_{av} \qquad (1-4)$$

所以它的刻度是将平均值刻度乘以 1.11 得到的。

这样,用整流式仪表去测量正弦交流电流(或电压)时,可以直接从标尺读取其有效值。由于整流平均值刻度乘以 2.22(或 1.11)换刻成有效值是以被测量属于正弦量为前提的,所以若用整流式仪表去测量非正弦交流量,指针指示的并不是其有效值,而是非正弦交流量经整流后的平均值乘以 2.22(或 1.11)的值,此时将其指示值除以 2.22(或 1.11),则就到非正弦交流量经半波(或全波)整流后的平均值。

1.2.4　电流表

电流表是用来测量电路中的电流值的,按所测电流性质可分为直流电流表、交流电流表和交直流两用电流表。就其测量范围又有微安表、毫安表和安培表之分。

1. 电流表的工作原理

电流表有磁电式、电磁式和电动式等种类,它们串接在被测电路中。被测电路的电流流过仪表线圈,使仪表指针发生偏转,通过指针偏转的角度可以反映被测电流的大小。

(1)磁电式电流表

磁电式测量机构可制成电流表,直接用来测量直流电流。磁电式仪表的灵敏度高,其游丝和线圈导线的截面积都很小,电流又要经过游丝,因此磁电式测量机构允许通过的电流很小,一般在几十微安至几十毫安的范围内。

为了扩大磁电式测量机构的量程,可采用与可动线圈 R_g 并联分流电阻 R_s 的方法。图 1－6(a)所示为单量程的情形。至于要制成多量程的电流表,需要不同的分流电阻。图 1－6(b)所示为两个量程的电流表,端钮"－"为仪表的公共端,由端钮"I_2"和"－"与外电路相连接时,表头 R_g 和电阻($R_{s1}+R_{s2}$)分流,仪表的量程为 I_2;由端钮"I_1"和"－"与外电路相连接时,表头 R_g 和 R_{s2} 串联后再和 R_{s1} 分流,仪表的量程为 I_1。由于分流电阻 R_{s1}、R_{s2} 在各量程时都和表头连成闭合回路,所以图 1－6(b)所示的分流电路称为环形分流器。万用表的直流电流挡以及其他多量程磁电式电流表,就是由磁电式测量机构和环形分流器这种测量线路构成的仪表。在这里,测量线路的作用是将较大的被测电流,变换为磁电式测量机构所能接受的较小的电流以便测量。

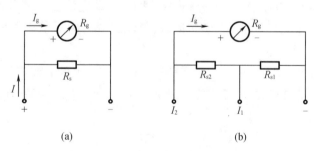

(a)　　　　　　　　　　(b)

图 1－6　磁电式电流表原理图

(2)电磁式电流表

根据电磁式测量机构的工作原理,把它的固定线圈直接串联在被测电路中就可以构成电流表来测量交流电流的有效值。因为被测电流不经过游丝和可动部分,因此可以制成直接测量大电流的电流表(量程可达 300 A)。

电磁式电流表不采用分流器来扩大量程。双量程的电磁式电流表常通过改接金属连接片来改变两段完全相同的固定线圈之间的串并联关系,从而达到改变量程的目的,如图1-7(a)和图1-7(b)所示。无论金属连接片采用图1-7(a)的连接方式还是图1-7(b)的连接方式,测量机构的各段线圈通过的电流大小都一样,它们所产生的磁场也一样,因而指针的偏转也一样。但是,图1-7(a)中被测电流是I,图1-7(b)中被测电流却是$2I$。仪表的标尺可以按量程为I的情形刻度,图1-7(b)情形仪表的读数则可由标尺刻度乘以2得到。

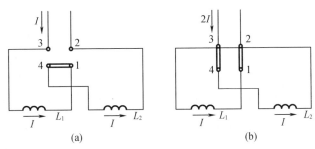

图1-7 电磁式电流表原理图

(3)电动式电流表

将电动式测量机构的定圈和动圈串联起来即构成电动式电流表。按规定,测量仪表中电流线圈的一般符号用一个圆加一粗实线表示,电压线圈用一个圆加一细实线表示。如图1-8所示,1为定圈,即电流线圈;2为动圈,即电压线圈。

图1-8 电动式电流表中的线圈

当定圈和动圈串联并通过正弦交流电流时,对照式(1-1),因为$I_1 = I_2 = I, \varphi = 0$,所以

$$\alpha = K_i I^2 \tag{1-5}$$

显然,式(1-5)对输入为直流电流的情况也适用。此外,还可以证明式(1-5)对非正弦交变电流也适用。由式(1-5)可见,电动式电流表的偏转角与被测电流的有效值平方成正比,所以它的标尺刻度是不均匀的。

电动式电流表可以通过改变两个定圈的串并联关系,以及给动圈并联不同的分流电阻,达到改换量程的目的。

(4)钳形电流表

如果用电流表测量电流,需要将电路断开测量,对于不便拆线或不能断开电路的情况,普通电流表无法测量,因此可以用一种不断开电路又能够测量电流的仪表,这就是钳形电流表。常见的钳形电流表的准确度只有2.5级或5.0级。

①钳形电流表的工作原理

钳形电流表是根据电流互感器的原理制成的,外形像钳子一样,如图1-9所示。

将被测电路从铁芯的缺口放入铁芯中,这条导线就等于电流互感器的一次绕组,然后闭合钳口,被测导线的电流就在铁芯中产生交变磁感应线,使二次绕组感应出与导线流过的电流成一定比例的二次电流,在表盘上显示出来,于是可以直接读数。

一类钳形电流表(MG 4、MG 24 型)由一个钳形铁芯的电流互感器和一个整流系电流表组成,其外形如图1-9所示。

仪用互感器(简称互感器)实际上就是专门用于测量的变压器。变压器具有变换电压的作用,即接入正弦交流电时,原边和副边电压的有效值之比近似等于原边、副边线圈的匝数比,用来实现电压变换的互感器称为电压互感器。变压器也具有变换电流的作用,当接入正弦交流电时,原边和副边电流有效值之比近似等于原边、副边线圈匝数比的倒数。电流互感器就是专门用来变换电流的互感器。

当握紧钳形电流表扳手时,电流互感器的铁芯可以张开,如图1-9中虚线所示,被测电流的导线卡入钳口作为电流互感器的原边线圈。松开扳手,使铁芯的钳口闭合后,接到副边线圈的整流系电流表便指示被测电流的大小。这类钳形电流表可以有几种不同的量程,由图1-9中转换开关K的切换来实现。这一类钳形电流表只能用来测量交流电流。

另一类钳形电流表(MG20、MG21型),外形和前一类相似,结构如图1-10所示。被测电流的导线被夹持在钳口的中间时,铁芯被磁化,测量机构的动铁片位于铁芯缺口的中间,也被磁化,铁芯与动铁片之间便产生了使可动部分偏转的转动力矩。这类钳形电流表的工作原理和电磁式测量机构相似,所以可以交直流两用。

钳形电流表通常只用于电压在500 V以下的电路测量,严禁用于测量高压电路的电流,否则会击穿绝缘,造成人身事故。

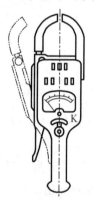

图1-9　交流钳形电流表

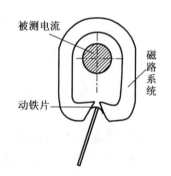

图1-10　交直流两用钳形电流表

②使用钳形电流表的注意事项

a.进行电流测量时,被测载流导线的位置应放在钳口中央,以免产生误差。

b.测量前应先估计被测电流大小,选择合适的量程,或先选用较大量程测量,然后再视被测电流大小,减小量程。

c.测量后一定要把调节开关放在最大电流量程,以免下次使用时由于未选择量程而损坏仪表。

d.测量单相线的电流时,只能钳入一根线,不能将两根线钳入,否则电流为零,如果测试三相电流时钳入两根相线,电流会扩大两倍。

e.如果被测电路的电流小于 5 A,为了方便读数,可以将导线在钳口多绕几圈,然后再闭合钳口测量读数,读得指示值后除以所绕匝数,便得到被测电流的大小。

2.电流表的选择与使用

测量直流电流时,可使用磁电式、电磁式或电动式仪表,其中磁电式仪表使用较为普遍。测量交流电时,可使用电磁式、电动式仪表,其中电磁式仪表使用较多。对于测量要求准确度和灵敏度高的场合,如测量晶体管电路、控制电路时采用磁电式仪表。对测量精度要求不严格,测量值较大的场合,如装在固定位置、监测电路工作状态时,常选择价格低,过载能力强的电磁式仪表。

在选择电流表形式的同时,还要考虑电流表的量程。电流表的量程要根据被测电流的大小来决定,要使被测电流值处于电流表的量程之内,且应尽量使表头指针指到满刻度的 2/3 左右。在不明确被测电流大小的情况时应先使用较大量程的电流表试测,以免因过载而烧毁仪表。

使用电流表测量电路电流时,一定要将电流表串联在被测电路中。

电流表串联在电路中,由于电流表具有内阻,会改变被测电路的工作状态,影响被测电路的数值。如果内阻较小,偏差可以忽略。

【练习与思考】

1-6 利用电阻并联时的分流公式证明,要将内阻为 R_g 的磁电式仪表的电流量程扩大 n 倍,所应并联的分流电阻为

$$R_s = \frac{R_g}{n-1}$$

1-7 电磁式电流表在扩大量程及标尺特性上和磁电式电流表有什么区别?

1-8 用钳形电流表测小电流时,可将被测电流的导线在钳形铁芯上绕几匝,从钳表上读得指示值后除以所绕匝数,便得到被测电流的大小。你能说明其中的道理吗?

1.2.5 电压表

电压表是用来测量电路中的电压值的。按所测电压的性质分为直流电压表、交流电压表和交直流两用电压表。就其测量范围又有毫伏表和伏特表之分。

1.电压表的工作原理

磁电式、电磁式和电动式也是电压表的主要形式。被测电路两点间的电压加在仪表的接线端上,电流通过仪表内的线圈,其电流的大小与被测电路两点的电压有关,同样使用指针的偏转角反映被测电路的电压。

(1)磁电式电压表

磁电式仪表的可动线圈自身有一定的电阻 R_g,通过它的电流 I_g 和外加电压 U_g 成正比,因此它可以用来测电压。如果磁电式仪表允许通过的最大电流为 I_{gm},则它可以测量的最高电压 $U_{gm} = I_{gm}R_g$。由于仪表的 R_g 不大,允许通过的电流又很小,所以它直接用来测量电压的范围也就很小,通常为毫伏级。

为了测量较高的电压,可以用一只较大阻值的分压电阻 R_d 与磁电式测量机构串联,如

图 1 - 11(a)所示。如果用三个分压电阻连接成如图 1 - 11(b)所示的形式,便可以制成三量程的电压表。这里电压表的测量线路是分压电阻。

多量程电压表各量程的内阻与相应电压量程之比是一个常数,而且是电压表的一个重要常数,常标在电压表表面上,其单位为"Ω/V"。

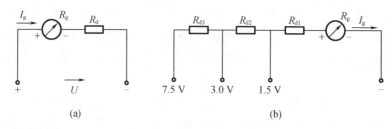

图 1 - 11　磁电式电压表原理图

万用表的直流电压挡是一个通过转换开关来切换不同的测量线路(分压电阻),从而实现量程转换的多量程电压表。

灵敏度较高的仪表允许通过的电流值受到限制,为了扩大测量电压的量程,可采用电阻与仪表串联的方法,构成大量程的电压表,串联电阻起分压作用。

(2)电磁式电压表

电磁式仪表与分压电阻 R_d 串联,就可以组成电磁式电压表。在一定频率的电压作用下,通过线圈的电流有效值与电压有效值成正比,因此,指针偏转角也和被测电压有效值的平方成正比。很明显,由于线圈的感抗随频率变化等原因,电磁式电压表要在规定的频率范围内工作,否则要产生显著的频率误差。

多量程的电磁式电压表仍然靠采用不同的分压电阻来实现。

(3)电动式电压表

将电动式仪表的固定线圈和可动线圈串联起来之后再串上分压电阻 R_d,就构成了电动式电压表,如图 1 - 12 所示。

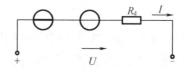

图 1 - 12　电动式电压表原理图

当分压电阻 R_d 一定时,通过仪表的电流 I 与仪表的端电压 U 成正比,这时偏转角 α 就与 U^2 成正比,即

$$\alpha = K_u U^2 \tag{1-6}$$

可见,电动式电压表的标尺也是不均匀刻度的。

通过串联几个分压电阻,可以制成多量程的电动式电压表。

由于仪表各线圈电感的感抗是随频率改变的,所以电动式电压表也应在一定的频率范围内工作,否则频率误差会很明显。

2.电压表的选择与使用

（1）电压表的选择

电压表的选择原则和方法与电流表的选择相同，主要从测量对象、测量范围、要求精度和仪表价格等几方面考虑。工厂的低压配线电路，其电压多为380 V和220 V，对测量精度要求不太高，所以一般多用电磁式电压表，选择量程为450 V和300 V。实验中测量和检查电子电路电压时，因为对测量精度和灵敏度要求高，常采用磁电式多量程电压表，其中普遍使用的是万用表的电压挡，其交流测量是通过整流实现的。

（2）使用电压表的注意事项

a. 测量时所选用的电压表量程一定要大于被测电路的电压，否则将损坏电压表。使用磁电式电压表测量直流电压时，要注意电压表接线端上的"＋""－"极性标记。

b. 用电压表测量电路两端的电压，电压表要与被测电路并联，因为电压表的内阻不是无限大，它的接入会改变被测电路的工作状态，影响被测电路两端的电压。如果电压表的内阻较大，则测量的精度较高。

3. 几种主要类型的电压表和电流表的比较

前面我们讨论了磁电式、整流式、电磁式、电动式电压表和电流表。现在，将它们的工作原理和主要技术特性列在表1－3中，以便比较。

表1－3　几种主要类型的电压表和电流表的比较

项目	磁电式	整流式	电磁式	电动式
说明工作原理的表面符号	⌒	⌒	⌇	⊟
测量的基本量	一个周期内的平均值不为零的变化电流（或电压）的平均值（无法测量正弦电压或电流）或直流	1. 直接指示正弦量有效值 2. 指示值除以2.22（全波整流时为1.11）为被测非正弦交流量整流后的平均值	交流有效值或直流	交流有效值或直流
准确度	高（可达0.1级，一般为0.5和1.0级）	低（可达0.5级，一般为0.5至2.5级）	较低（可达0.2级，一般为0.5至2.5级）	高（可达0.1级，一般为0.5和1.0级）
标尺分度特性	均匀	接近均匀	不均匀	不均匀
过载能力	小	小	大	小
使用频率范围		一般用于45～1 000 Hz，有的可达5 000 Hz以上	一般用于50 Hz，频率变化时误差较大	一般用于50 Hz，有的可用于5 000 Hz以下
表头灵敏度	可很高	较高	低	较低

表 1 – 3（续）

项目	磁电式	整流式	电磁式	电动式
防御外磁场的能力	强	强	弱	弱
功率损耗	小	小	大	大
价格	贵	贵	便宜	最贵
主要应用范围	主要作直流仪表	作交流仪表	作开关板仪表及一般实验室仪表	作交流标准表及一般实验室仪表

【练习与思考】

1 – 9　利用电阻串联时的分压公式证明，要将内阻为 R_g 的磁电式仪表的电压量程扩大 m 倍，所应串联的分压电阻为

$$R_d = (m - 1) R_d$$

1 – 10　有一工频正弦电压，其有效值为 10 V，经半波整流后，用 500 型万用表的直流电压挡和交流电压挡分别去测量，试问它们的指示值各是多少？

1 – 11　用电磁式电压表测量以下各项电压，指示值各为多少？

（1）最大值为 10 V 的工频正弦交流电压；

（2）第一项正弦交流电压经半波整流后；

（3）第一项正弦交流电压经全波整流后。

1.2.6　万用表

万用表的使用范围很广，可以测量电阻、电流和电压等参数，在电子、电气产品的维修中是必不可少的测量工具，它的结构简单，使用方便。常见的万用表有模拟式万用表和数字式万用表。

1. 模拟式万用表

（1）模拟式万用表的功能

模拟式万用表的显著特点就是可由表头指针指示测量的数值。

万用表一般可测量从几百毫伏至几百伏甚至几千伏的直流和交流电压，其测量准确度直流为 ±2.5%，交流为 ±4.0%。它的频率范围通常为 40 ~ 1 000 Hz，如果准确度要求不高，还可用以测试高达 10 kHz 的正弦波和非正弦波信号。由于万用表的交流刻度是根据正弦波的有效值来确定的，因此，它对方波电压的指示值偏大些，而对锯齿波、脉冲波的指示值偏小些。

万用表各电压挡级的输入阻抗是不一样的，其阻值等于相应挡级的电压满度值 V_0（即量程）和万用表灵敏度 $K(\Omega/V)$ 值的乘积，即 $R_i = V_0 K$。

因此，万用表电压挡的低量程输入阻抗较小，而高量程输入阻抗较大。因为测压仪器

的输入端是和被测电路并联的,其输入阻抗起着分流作用,为了尽量减小测量的误差,通常要求万用表相应电压挡级的输入阻抗应大于被测电路的阻值10倍以上,所以必须选用灵敏度值较大的万用表来测试电压。一般要求万用表的灵敏度不应小于2 kΩ/V。

(2)模拟式万用表的基本结构

①模拟式万用表的刻度盘及基本结构

模拟式万用表是一种最普通的万用表,其正面及刻度盘如图1-13所示。

万用表主要由磁电式表头、转换开关和测量线路组成。万用表表头多采用高灵敏度的磁电式测量机构,表头的满偏电流常为几十微安。满偏电流越小,灵敏度越高,测量电压时仪表的内阻就越大。一般的万用表,直流电压挡内阻可达20 kΩ/V～100 kΩ/V,交流电压挡内阻一般要低一些。

万用表用一只磁电式表头就能测量多种物理量并具有多种量程,关键在于通过转换开关变换不同的测量线路,把被测量变换成磁电式表头所能测量的直流电流或脉动电流。此外万用表还设有分流器(用以扩大电流的测量范围)、倍率器(用以扩大电压的测量范围)、整流器(将交流变成直流)、电池(为测量电阻时提供电源)等部分。万用表能进行直流的电流和电压、交流的电压和电阻等测量。

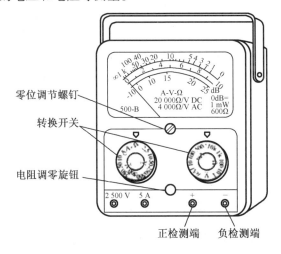

图1-13 模拟式万用表

②模拟式万用表的内部电路结构

图1-14～图1-17所示是各种测量状态的万用表的内部电路结构。

ⓐ直流电压的测量状态

万用表的直流电压挡实质上是一个多量程的直流电压表。它采用多个附加电阻与表头串联的方法来扩大电压量程。量程越大,配置的串联电阻也越大,如图1-14所示。

ⓑ交流电压的测量状态

万用表测量交流电压时,先要将交流电压经整流器变换成直流后再送给磁电式表头。万用表的交流测量部分实际上是整流式仪表,其标尺刻度是按正弦交流电压的有效值标出的。由于整流器在小信号时有非线性,因此交流电压低挡位的标尺刻度起始的一小段不均匀。交流电压挡如图1-15所示。

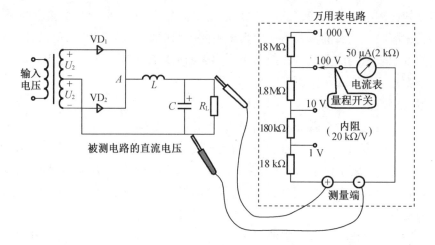

图 1－14　直流电压的测量状态

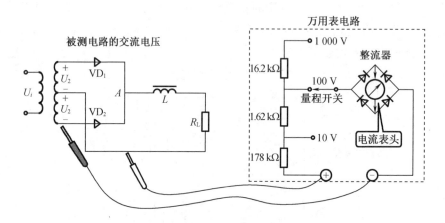

图 1－15　交流电压的测量状态

ⓒ电阻的测量状态

　　万用表的电阻挡也是一个多量程的欧姆表。电阻挡电路要有电源,一般用干电池作为电源。为了保证各挡在被测电阻为 0 时流过表头的电流均为表头的满偏电流 I_m,必须与表头并联分流电阻,量程越高,并联的分流电阻也越大,如图 1－16 所示。

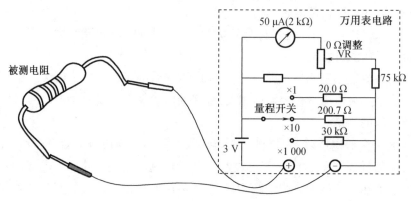

图 1－16　电阻的测量状态

ⓓ电流的测量状态

万用表的直流电流挡实质上是一个多量程的直流电流表。由于其表头的满量程电流值小,所以采用内附分流器的方法来扩大电流量程。量程越大,配置的分流电阻越小,如图1-17所示。

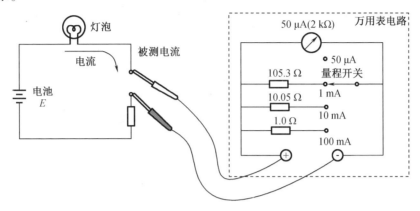

图1-17　电流的测量状态

(3)模拟式万用表的使用

万用表的型号很多,但测量原理基本相同,使用方法相近。下面以电工测量中常用的500-B型万用表为例,说明其使用方法。500-B型万用表的表头灵敏度为40 μA,表头内阻为3 000 Ω。

①使用前的准备

ⓐ万用表有红色和黑色两支测试笔,使用时应插在表的下方标有"+"和"-"的两个插孔内,红表笔插入"+"插孔,黑表笔插入"-"插孔。

ⓑ万用表使用前先要调整机械零点。把万用表水平放置好,表笔开路,看指针是否指在电压刻度零点,如不指零点,则应旋动机械调零螺钉,使表针准确指在零点上。操作方法如图1-18所示。

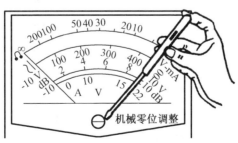

图1-18　万用表机械调零

ⓒ500-B型万用表有两个转换开关,用以选择测量的电量和量程,使用时应根据被测电量及其大小选择相应挡位。在被测量大小不详时,应先选用较大的量程测量,如不合适再改用较小的量程。

万用表的刻度盘上有许多标度尺,分别对应不同的测量参数和量程,测量时应在与被测电量及其量程相对应的刻度线上读数。

②直流电压的测量

将开关转到直流电压挡"DC V"的位置上,再选择适当的电压量程,将万用表并联在被测电路上进行测量。需要注意,测量直流电压时,正负极性必须正确,红表笔应接被测电路的高电位端,黑表笔接低电位端,如果极性接反,表针会向反方向偏摆,有可能引起万用表故障。直流电压的测量实例如图 1-19 所示。此例为测量晶体管集电极负载电阻上的压降。

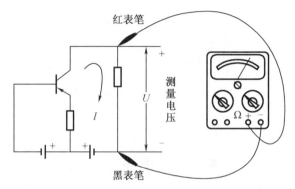

图 1-19   直流电压的测量

③直流电流的测量

测量电压时,不用切断电路,而测量电路的直流电流时则需要切断被测部位的电路,将万用表串接在电路之中。直流电流的测量实例如图 1-20 所示。

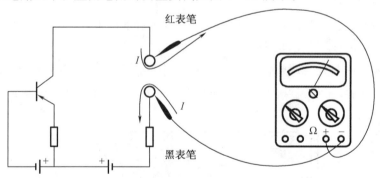

图 1-20   直流电流的测量

测量时,将测量范围旋钮拨至"DC mA"的位置,根据测量值再进一步选择测量范围。测量时,表笔的极性与测量直流电压时相同。

另外,电流的测量也可以不切断电路,通过测量电阻上的电压然后根据欧姆定律进行计算求出电流值。

④交流电压的测量

电源变压器抽头电压的测量、显示器灯丝电压的检查、交流 220 V 电压的检查,都属于交流电压的测量范围。这种情况将测量范围旋钮拨至"AC V"的位置,再进一步选择量程。表笔的极性任意。

如果测量叠加在直流电压上的交流分量,可在表笔上串接一只 0.1 μF 的电容器,以便隔离直流分量。有些万用表中设有内置电容。一般不能测 50 kHz 以上的交流信号。

⑤电阻的测量

将开关旋到欧姆挡"Ω"的位置上,再根据电阻值选择适当的电阻量程。测量前应先调整欧姆零点,将两表笔短接,看表针是否指在欧姆零点上,若不指零,应转动欧姆调零旋钮,使表针指在零点。表笔极性任意。测量方法如图 1 – 21 所示。

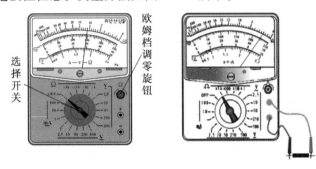

图 1 – 21　电阻的测量

注意事项:

如调不到零,说明表内的电池不足,需更换电池。每次更换量程挡后,应重新调整欧姆零点,测量电阻时用红、黑两表笔接在被测电阻两端进行测量。为提高测量的准确度,选择量程时应使表针指在 Ω 刻度的中间位置附近为宜。测量值由表盘 Ω 刻度线上读数,被测电阻值 = 表盘读数 × 量程。

测量中不允许用两手同时触及被测电阻两端,以避免并联上人体电阻,使读数减小,造成测量误差。

测量接在电路中的电阻时,须断开电阻的一端或断开与被测电阻相并联的电路,此外还必须断开电源。

⑥低频输出电压的测量

低频输出电压的测量实例如图 1 – 22 所示。将万用模式切换开关拨至交流电压位置(AC V),刻度盘上的 AC10 V 对应的是 +22 dB,AC 1.5 V 对应的是 +5 dB,AC 0.775 V 对应的是 0 dB。

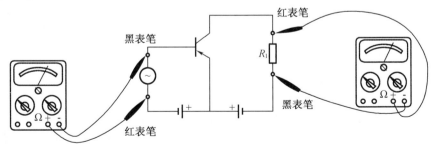

图 1 – 22　低频输出电压的测量

如果测量范围超过 +22 dB,表针会超过满刻度,此时与测量交流电压值的操作一样,先调大测量范围,再根据加算表求出 dB 值。

　　在测量中万用表与放大器阻抗应匹配,使用阻抗 600 Ω,其输出 1 mW 为 0 dB。对于阻抗不统一的放大器,分别测得输入 dB 与输出 dB 值,根据加减法算出增益(或衰减量)。例如,放大器的输入幅度为 5 dB,测得输出幅度为 20 dB,放大器的增益可直接算出为 20 - 5 = 15 dB。

　　⑦二极管的测量

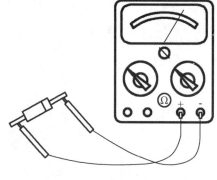

　　二极管的判别主要通过对其正向电阻值和反向电阻值的测量进行比较后来判断。正常时二极管反向电阻值很高,通常高于 100 kΩ,正向电阻值很低,小于 1 kΩ。二极管的检测示意图如图 1 - 23 所示。

图 1 - 23　二极管的检测

　　(4)模拟式万用表的使用注意事项

　　①正确选择被测量电量的挡位,不能放错。禁止带电转换量程开关。切忌用电流挡或电阻挡测量电压。

　　②在测量电流或电压时,如果对于被测量电流、电压大小无法估计时,应先选最大量程,然后再换到合适的量程上测量。这样既能避免损坏万用表,又可减小测量误差。

　　③测量直流电压或直流电流时,必须注意极性。表笔正、负端应分别与电路的正、负端相接。

　　④测量电阻时不可带电测量,并要将被测电阻与电路断开。使用欧姆挡时换挡要重新调零。

　　⑤万用表的表头是动圈式电流表,表针摆动是由线圈的磁场驱动的,因而测量时要避开强磁场环境,以免造成测量误差。

　　⑥万用表的频率响应范围比较窄,正常测量的信号频率超过 3 000 Hz 以上误差会渐渐变大,使用时要注意。

　　⑦测量晶体管的电阻值时要注意万用表检测端的电压极性,万用表内设有电池,万用表的红色表笔实际上与内部电池的负极相连,黑色表笔与电池的正极相连。

　　例如,当测量 NPN 晶体管基极与发射极之间的正向电阻值时,要使万用表黑表笔接基极(b),红表笔接发射极(e)。测量基极与集电极之间的反向电阻值时,红表笔接基极(b),黑表笔接集电极(c)。测量 PNP 晶体管时则相反。

　　⑧每次使用完毕,应将转换开关拨到空挡或交流电压最高挡,以免造成仪表损坏。长期不使用时,应将万用表中的电池取出。

　　总之,在平时测量中应养成正确使用万用表的习惯,每次测量前,应习惯地检查表的挡位、量程、连接方法。

　　2. 数字式万用表

　　数字式万用表也称数字多用表(DMM),它除了具有模拟式万用表的功能外,还可以用来测量电容值、晶体管放大倍数、频率和温度等,并且以数字形式显示读数。数字式万用表以其测量速度快、显示清晰、准确度高、测试范围广、使用方便等优良性能迅速流行起来。

(1)数字式万用表的特点

①显示特点

数字万用表采用先进的数字显示技术,其显示清晰、直观,读取准确,既保证了读数的客观性,又符合人们的读数习惯。

目前,许多数字万用表还添加了标志符显示功能,包括单位符号(如 nV、μV、mV、V、μA、mA、A、mΩ、Ω、kΩ、MΩ、Hz、kHz、MHz、pF、nF、μF、μH、mH、H)、测量项目符号(如 AC、DC、LOΩ、LOGIC、MEM)、特殊符号(如电压控制符号"VCN"、读取保持符号"HOLD"或"H"、自动量程符号"ATUO"、10 倍乘符号" ×10"等)。有些数字万用表还在 LCD 液晶显示屏的小数点下边设置了量程标志符,例如小数点下边显示为 200 时,表明所对应的量程为 200。

此外,为了增加数字显示功能以便于反映被测电量连续变化的过程和变化的趋势,近年来许多数字万用表设置了带模拟图形的双显示或多重显示模式。这类仪表更好地结合了数字万用表和模拟式万用表的显示优点,使得数字万用表的使用和测量更加方便。

②测试功能

数字万用表可以测量直流电压(DCV)、交流电压(ACV)、直流电流(DCA)、交流电流(ACA)、电阻(R)、二极管正向压降(V_F)、晶体管共发射极电流放大系数(h_{FE})、电容量(C)、电导(G)、温度(T)、频率(f)。还增添了用以检查线路通断的蜂鸣器挡($B2$)、低功率法测电阻挡($LOΩ$)。有的数字万用表还具有电感挡、信号挡、AC/DC 自动转换功能及电容挡自动转换量程功能。

为了使数字万用表使用更加方便,新型的数字万用表除了上述的测试功能外,还添加了读数保持(HOLD)、逻辑测试(LOGIC)、自动关机(AOTU OFF POWER)、语音报数等附加功能。

③显示位数

数字万用表的显示位数有 $3\frac{1}{2}$ 位、$3\frac{2}{3}$ 位、$3\frac{3}{4}$ 位、$4\frac{1}{2}$ 位、$4\frac{3}{4}$ 位、$5\frac{1}{2}$ 位、$6\frac{1}{2}$ 位、$7\frac{1}{2}$ 位和 $8\frac{1}{2}$ 位共 9 种。它确定了数字万用表的最大显示量程,是数字万用表非常重要的一种参数。

数字万用表的显示位数都是由 1 个整数和 1 个分数组合而成的。其中,分数中的分子表示该数字万用表最高位所能显示的数字;分母则是最大极限量程时最高的数字。而分数前面的整数则表示最高位后的数位。

例如 $3\frac{1}{2}$ 位,其中整数"3"表示数字万用表最高位后有 3 个整数位。"$\frac{1}{2}$"中的分子"1"表示该数字万用表最高位只能显示从 0~1 的数字,因最高位后有 3 个整数位,故最大显示值为 ±1 999;分母"2"表示该数字万用表的最大极限量程数值为 2 000,故最大极限量程为2 000。

例如 $3\frac{2}{3}$ 位,其中"$\frac{2}{3}$"中的分子"2"表示该数字万用表位只能显示从 0~2 的数字,因为整数是"3",所以可以确定在最高位之后有 3 个整数位,故最大显示值为 ±2 999;分母

"3"则表示该数字万用表的最大极限量程数值为 3 000。

④分辨率

分辨率是反映数字万用表灵敏度高低的性能参数。它随显示位数的增加而提高。不同位数的数字万用表所能达到的最高分辨率分别为 100 V($3\frac{1}{2}$)、10 V($4\frac{1}{2}$)、1 V($5\frac{1}{2}$)、100 nV($6\frac{1}{2}$)、10 nV($7\frac{1}{2}$1)、1 nV($8\frac{1}{2}$)。

数字万用表的分辨率是数字万用表所能显示的最小数字(除 0 外)与最大数字的百分比。例如:$3\frac{1}{2}$ 位的分辨率为 1/1 999,约为 0.05%,同理可以计算出 $3\frac{2}{3}$ 的分辨率约为 0.033%;$3\frac{3}{4}$ 的分辨率约为 0.025%;$4\frac{1}{2}$ 的分辨率约为 0.005%;$4\frac{3}{4}$ 的分辨率约为 0.002 5%;$5\frac{1}{2}$ 的分辨率约为 0.000 5%;$6\frac{1}{2}$ 的分辨率约为 0.000 05%;$7\frac{1}{2}$ 的分辨率约为 0.000 005%;$8\frac{1}{2}$ 的分辨率约为 0.000 000 5%。

(2)数字万用表的基本结构

数字万用表的结构方框图如图 1-24 所示,由图可见,从被测输入端直到整流输出端,数字万用表均与模拟式万用表的结构和功能相同。其区别是:数字万用表就是将测量的结果数字化,使用 A/D 转换器将测量值转换成数字,通过计数和显示驱动电路,将测量结果以数字的形式由液晶显示屏显示出来。

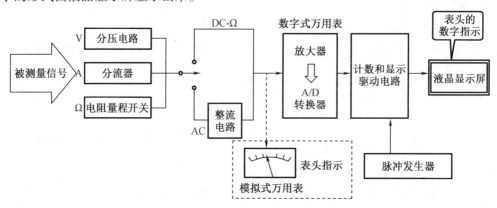

图 1-24　数字万用表的结构方框图

数字万用表有很多型号,其外形大同小异。数字万用表的外形如图 1-25 所示。

从外观上看,数字万用表的上部是液晶显示屏,在中间部分是功能选择旋钮,下部是表笔插孔,分为"COM"(即公共端)、"V·Ω"端及电流插孔,另外还有测三极管 h_{FE} 值插孔等。

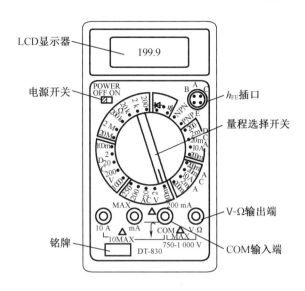

LCD显示器

电源开关

h_{FE}插口

量程选择开关

V-Ω输出端

铭牌

COM输入端

图 1-25 数字万用表的外形

（3）数字万用表的使用方法

①电压的测量

ⓐ直流电压的测量

如测量电池、携带型袖珍播放机（随身听）电源电压等。首先将量程开关有黑线的一端拨至"DC V"范围内的适当量程挡，黑表笔插进"COM"孔（或"-"端），红表笔插进"V·Ω"孔。将电源开关拨至"ON"，然后把表笔接被测电路两端，保持接触良好。数值可以直接从显示屏上读取，若显示为"1."，则表明量程太小，那么就要加大量程后再测量。如果在数值左边出现"-"，则表明表笔极性与实际电源极性相反，此时红表笔接的是负极。

ⓑ交流电压的测量

表笔插孔与直流电压的测量一样，不过应该将量程开关拨至"AC V"范围内的适当量程挡。交流电压无正负之分，测量方法跟前面相同。无论测交流还是直流电压，都要注意人身安全，不要随便用手触摸表笔的金属部分。

②电流的测量

ⓐ直流电流的测量

先将黑表笔插入"COM"孔。若测量大于 200 mA 的电流，则要将红表笔插入"10 A"插孔并将旋钮打到直流"10 A"挡；若测量小于 200 mA 的电流，则将红表笔插入"mA"插孔，将旋钮打到直流 200 mA 以内的合适量程。调整好后，就可以测量了。将万用表串联入电路中，保持稳定，即可读数。若显示为"1."，那么就要加大量程；如果在数值左边出现"-"，则表明电流从黑表笔流进万用表。

ⓑ交流电流的测量

测量方法与直流电流的测量基本相同，不过应该将量程开关拨至"AC A"范围内的适当量程挡，电流测量完毕后应将红笔插回"V·Ω"孔。

③电阻的测量

将表笔插进"COM"和"V·Ω"孔中,把量程开关拨至"Ω"中所需的量程,用表笔接在电阻两端金属部位,测量中可以用一只手接触电阻,但不要把两手同时接触电阻两端,这样会影响测量的精确度。读数时,要保持表笔和电阻有良好的接触;注意单位:在"200"挡时单位是"Ω",在"2 k"到"200 k"挡时单位为"kΩ",在"2 M"挡时单位是"MΩ"。

④二极管的测量

数字万用表可以测量发光二极管、整流二极管等。在测量时,表笔位置与电压测量一样,将量程开关拨至二极管挡;用红表笔接二极管的正极,黑表笔接负极,这时会显示二极管的正向压降。正常情况下,正向测量时,锗二极管的压降是 0.150 ~ 0.300 V,硅二极管为0.500 ~ 0.700 V,发光二极管为 1.800 ~ 2.300 V。

调换表笔,反向测量时,显示屏显示"1."则为正常,因为二极管的反向电阻很大,否则此管已被击穿。

⑤晶体管 h_{FE} 的测量

根据晶体管的类型,把量程开关拨到"PNP"或"NPN"挡,将被测管子的 e、b、c 极分别插入 h_{FE} 插口对应的孔内,显示器便显示管子的 h_{FE} 值,如图1 − 26 所示。

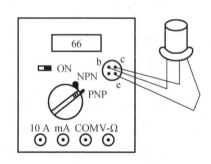

图1 − 26 晶体管 h_{FE} 的测量

⑥线路通、断的检查

将量程开关拨到蜂鸣器挡,红、黑表笔分别插进"V·Ω"孔和"COM"孔。若被测线路电阻低于"20 Ω",蜂鸣器发出叫声,则说明线路接通;反之,表示线路不通或接触不良。注意,被测线路在测量之前应关断电源。

⑦数字万用表的电源

数字万用表是一种便携式仪表,通常使用 9 V 叠层电池,也可以使用外接电源(由交流适配器提供 9 V 电源)。

数字万用表底盖内有电池仓,使用前需要装入电池,电池耗尽后及时更换新电池。如使用交流适配器供电,可将电池取出以免电池耗电。

(4)数字万用表的使用注意事项

①交流信号的测量范围

交流信号有很多种类和各种复杂情况,并且会伴随交流信号频率的改变,频率较高时,会影响万用表的测量。万用表对交流信号的测量一般有两种方法:平均值和真有效值测量。平均值测量一般是对纯正弦波而言,它采用估算平均值的方法测量 AC 信号,而对非正弦波信号将会出现较大的误差,同时,如果正弦波信号出现谐波干扰时,其测量误差也会有很大改变;而真有效值测量,是用波形的瞬时峰值再乘以 0.707 来计算电流值与电压值的,这样如果需要检测普通的数字、信号,用平均值测量法就不会达到真实的测量效果。同时交流信号的频率响应也至关重要,有的可高达 100 kHz。一般来说,高于 100 kHz 的信号测量就需要使用毫伏表或微伏表。

②数字万用表的稳定性

数字万用表自身也有测量稳定性的性能,其测量结果的准确性与其使用时间、环境温度及湿度等有关。如果数字万用表的稳定性差,在使用一段时间后,数字万用表在测量时就会出现较大的误差,使测量结果不一致。因而要注意表的校准和保修。

数字万用表的保护性也是值得注意的,不经意中表笔线插错或测试挡选错,会导致数字万用表不必要的损坏,影响工作。因此数字万用表的安全性非常重要,有些好的数字万用表自我保护性很好,插错表笔线时,会自动产生蜂鸣报警,这种功能是很实用的。

③使用数字万用表的注意事项

ⓐ由于数字万用表属于多功能精密电子测量仪表,因此在使用之前,应仔细阅读数字万用表的说明书,熟悉电源电路开关、功能及量程转换开关、输入插口及专用插口(如晶体管插口 h_{FE}、电容器插口 CAP 等)、仪表附件(如测温探头、高压探头、高频探头等)的作用。还应注意该仪表的极限参数。掌握出现过载显示、极限显示、低电压指示,以及其他声光报警的特征。

ⓑ在使用数字万用表测量之前,必须明确要测量什么以及具体的测量方法,然后选择相应的测量模式和相应的量程。每次测量时务必对测量的各项设置进行仔细核查,以避免因错误设置而造成仪表损坏。

ⓒ在刚开始测量时,数字万用表可能会出现跳数现象,应等到 LCD 液晶显示屏上所显示的数值稳定后再读数。这样才能确保读数的准确。

ⓓ如果在测量之前无法估计出被测电压值或电流值的大小,最好选择数字万用表的最高量程进行试测,然后再根据试测情况选择合适量程进行测量。

ⓔ在测量过程中,如果 LCD 液晶显示屏的最高位显示数字为"1.",而其他位消隐,说明当前数字万用表已过载,应及时选择更高的量程再测量。

ⓕ虽然要求在每次测量前核对测量模式及量程,但最好还是在每次测量完毕将量程拨至最高电压挡,以防止下次开始测量时疏忽而损坏仪表。

ⓖ测量电压时,数字万用表与被测电流并联。由于数字万用表具有自动转换并显示极性的功能,因此,在测量直流电压时不必考虑表笔的接法。测量交流电压时,应当用黑表笔接触被测电压的低电位端,以消除仪表输入端对地分布电容的影响,减小测量误差。

ⓗ在测量高压时要注意安全,当被测电压超过几百伏时应选择单手操作测量,即先将黑表笔固定在被测电路的公共端,再用一只手持红表笔去接触测试点。当被测电压在1 000 V 以上时,必须使用高压探头(高压探头分直流和交流两种)。普通表笔及引线的绝缘性能较差,不能承受 1 000 V 以上的电压。

ⓘ测量电流时,应将数字万用表串联到被测电路中。由于数字万用表具有自动极性识别功能,所以在测量直流电流时不必考虑表笔的接法。当电源内阻很低时,应尽量选择较高的电流量程,以减小分流电阻上的压降,提高测量的准确度。

ⓙ测量电阻、检测二极管和检查线路通断时,红表笔应接 VΩ 插孔(或 mA/V/Ω 插孔)。此时,红表笔带正电,黑表笔接 COM 插孔而带负电。这与模拟式万用表的电阻挡正好相反。因此,在检测二极管、晶体管、电解电容器、稳压管等有极性的元器件时,必须注意表笔的极性。

【练习与思考】

1-12　使用万用表时,在被测量大小不详时,应先选用_____测量,如不合适再改用_____量程,应尽量使表头指针指到满刻度的_____左右。

1-13　模拟式式万用表在测量前的准备工作有哪些?用它测量电阻的注意事项有哪些?

1-14　使用万用表时,为什么用电阻挡测量电压会有烧表的危险?

1-15　数字万用表的电池有哪些功能?

1.2.7　兆欧表

1. 兆欧表的外形

兆欧表也叫绝缘电阻表,又称为摇表。兆欧表主要用来测量绝缘电阻,一般用来检测供电电路、电动机绕组、电缆、电气设备等的绝缘电阻,以便检验其绝缘程度的好坏。

兆欧表主要由手摇直流发电机、磁电式比率表和测量线路组成。它在测量绝缘电阻时本身就有高电压电源,这就是它与一般测电阻仪表的不同之处。兆欧表用于测量绝缘电阻既方便又可靠,但是如果使用不当,将给测量带来不必要的误差,必须正确使用兆欧表对绝缘电阻进行测量。

兆欧表的外形图如图1-27所示。

兆欧表的接线柱共有三个:"L"为线端、"E"为地端、"G"为屏蔽端(也叫保护环)。一般被测绝缘电阻都接在"L""E"端之间,但当被测绝缘体表面漏电严重时,必须将被测物的屏蔽环或不需测量的部分与"G"端相连接。这样漏电流就经由屏蔽端"G"直接流回发电机的负端形成回路,而不再流过兆欧表的测量机构(动圈)。这样就从根本上消除

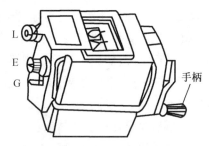

图1-27　兆欧表的外形图

了表面漏电流的影响。特别应该注意的是测量电缆芯线和外表之间的绝缘电阻时,一定要接好屏蔽端钮"G",因为当空气湿度大或电缆绝缘表面不干净时,其表面的漏电流将很大。为防止被测物因漏电而对其内部绝缘测量造成影响,一般在电缆外表加一个金属屏蔽环,与兆欧表的"G"端相连。

2. 兆欧表的选择

在测量电气设备的绝缘电阻之前,先要根据被测设备的性质和电压等级,选择合适的兆欧表。

一般测量额定电压在500 V以下的设备时,选用500~1 000 V的兆欧表,测量额定电压在500 V以上的设备时,选用1 000~2 500 V的兆欧表。例如,测量高压设备的绝缘电阻,不能用额定电压500 V以下的兆欧表,因为这时测量结果不能反映工作电压下的绝缘电阻;同样不能用电压太高的兆欧表测量低压电气设备的绝缘电阻,否则会损坏设备的绝缘。

此外,兆欧表的测量范围也应与被测绝缘电阻的范围相吻合。一般应注意不要使测量范围过多地超出所需测量的绝缘电阻值,以免使读数产生较大误差。一般测量低压电气设

备绝缘电阻时,可选用 0 ~ 200 MΩ 量程的表,测量高压电气设备或电缆时可选用 0 ~ 2 000 MΩ 量程的表。刻度不是从零开始,而是从 1 MΩ 起始的兆欧表一般不宜用来测量低压电气设备的绝缘电阻。

值得一提的是,兆欧表测得的是在额定电压作用下的绝缘电阻阻值。万用表虽然也能测得数千欧的绝缘阻值,但它所测得的绝缘阻值只能作为参考,因为万用表所使用的电池电压较低,绝缘物质在电压较低时不易击穿,而一般被测量的电气设备,均要接在较高的工作电压上,为此,只能采用兆欧表来测量。

3.兆欧表的使用方法

(1)兆欧表使用前的准备

兆欧表在工作时,自身产生高电压,而测量对象又是电气设备,所以必须正确使用,否则就会造成人身或设备事故。使用前,首先要做好以下各种准备。

①测量前必须将被测设备的电源切断,并对地短路放电,决不允许设备带电进行测量,以保证人身和设备的安全。

②对可能感应高压电的设备,必须消除这种可能性后,才进行测量。

③被测物表面要清洁,减少接触电阻,确保测量结果的准确性。

④测量前要检查兆欧表是否处于正常工作状态,主要检查其"0"和"∞"两点。即摇动手柄,使电动机达到额定转速,兆欧表在短路时应指在"0"位置,开路时应指在"∞"位置。兆欧表使用前应先进行开路和短路试验,检查兆欧表的好坏,如图 1-28 所示。

⑤兆欧表使用时应放在平稳、牢固的地方,且远离大的外电流导体和外磁场。

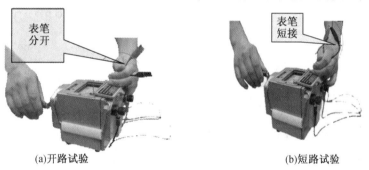

(a)开路试验　　　　　(b)短路试验

图 1-28　兆欧表的开路和短路试验

(2)兆欧表的接线

做好上述准备工作后就可以进行测量了,在测量时,还要注意兆欧表的正确接线,否则将引起不必要的误差甚至错误。

当用兆欧表摇测电器设备的绝缘电阻时,一定要注意"L"端和"E"端不能接反,正确的接法是:"L"端接被测设备导体,"E"端接地的设备外壳,"G"端接被测设备的绝缘部分。

如果将"L"端和"E"端接反了,流过绝缘体内及表面的漏电流就会经外壳汇集到地,由地经"L"端流进测量线圈,使"G"端失去屏蔽作用而给测量带来很大误差。另外,因为"E"端内部引线同外壳的绝缘程度比"L"端与外壳的绝缘程度要低,当兆欧表放在地上采用正确接线方式时,"E"端对仪表外壳和外壳对地的绝缘电阻,相当于短路,不会造成误差;而当

"L"端和"E"端接反时,"E"对地的绝缘电阻同被测绝缘电阻并联,而使测量结果偏小,给测量带来较大误差。

由此可见,要想准确地测量电气设备等的绝缘电阻,必须正确使用兆欧表;否则,将失去测量的准确性和可靠性。

(3)兆欧表测量绝缘电阻

①测量电动机的绝缘电阻时,将电动机绕组接于电路"L"端,机壳接于"E"端,如图1-29所示。

②测量电动机的绕组间的绝缘性能时,将"L"端和"E"端分别接在电动机的两绕组间,如图1-30所示。

③测量电缆芯对电缆外壳的绝缘电阻时,除将电缆芯接"L"端和电缆外壳接 E 端外,还需要将电缆壳与芯之间的内层绝缘部分接保护环"G"端,以消除表面漏电产生的误差。

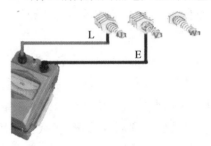

| 图1-29 测量电动机的绝缘电阻 | 图1-30 测量电动机的绕组间的绝缘电阻 |

(4)使用兆欧表的注意事项

①在进行测量前要先切断电源,被测设备一定要进行放电(需 2~3 min),以保障设备自身安全。

②接线柱与被测设备间连接的导线不能用双股绝缘线或绞线,应用单股线分开单独连接,不能因绞线绝缘不良引起误差,应保持设备表面清洁干燥。

③测量时,表面应放置平稳,手柄摇动要由慢逐渐变快。

④测量时,一般均匀摇动手柄,并保持在约 120 r/min 的转速摇动 1 min 左右,这时读数才是准确的结果。测量中如发现指示为 0,则应停止转动手柄,以防表内线圈过热而烧坏。

⑤在兆欧表转动尚未停下或被测设备未放电时,不可用手进行拆线,以免引起触电。

【练习与思考】

1-16 为什么测量绝缘电阻用兆欧表,而不能用万用表?

1-17 用兆欧表测量绝缘电阻时,如何与被测对象连接?

1.2.8 直流单双臂电桥

1. 直流单臂电桥

一般用万用表测量电阻,但测量值不够精确。在工程上要较准确地测量电阻,常用直流单臂电桥(也称惠斯登电桥)。该仪表适用于测量 $1 \sim 10^6$ Ω 的电阻值,其主要特点是灵敏度和测试精度都很高,而且使用方便。

(1)直流单臂电桥的工作原理

直流单臂电桥由四个桥臂 R_x、R_2、R_3、R_4,直流电源 U_S,可调电阻 R_0 及检流计 G_0 组成。其中 R_x 为被测电阻,R_2、R_3、R_4 为标准电阻。直流单臂电桥结构原理如图 1 – 31(a)所示。图中 B 是直流电源 U_S 支路的按钮开关,G 是检流计(或其他指零仪表)支路的按钮开关。调整这些可调的桥臂电阻使电桥平衡,此时检流计 G_0 的指示为零,即 $I_g = 0$。则 R_x 可由下式求得:

$$R_x = \frac{R_2}{R_3} \times R_4 \tag{1-7}$$

式中,R_2、R_3 为电桥的比例臂电阻,在电桥结构中,R_2 和 R_3 之间比例关系的改变是通过同轴波段开关 S_A 来实现的。R_4 为电桥的比较臂电阻,因为当比例臂被确定后,被测电阻 R_x 是与已知的可调标准电阻 R_4 进行比较而确定阻值的。仪表的测试精度较高,主要是由已知的比例臂电阻和比较臂电阻的准确度所决定,其次是采用高灵敏度检流计作指零仪。

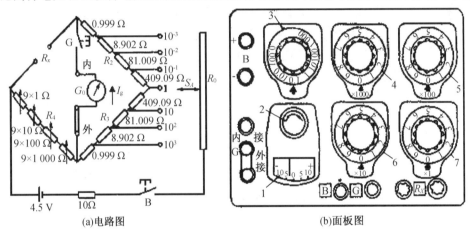

1—检流计;2—调零旋钮;3—比例臂;4,5,6,7—比较臂。

图 1 – 31 直流单臂电桥

(2)直流单臂电桥的使用

以 QJ23 型直流单臂电桥为例来说明它的使用方法。如图 1 – 31(b)所示为 QJ23 型直流单臂电桥的面板图。图 1 – 31(b)中 1 为电桥内部的检流计;2 为调零旋钮;3 为比例臂的比率旋钮,共有 0.001,0.01,0.1,1,10,100,1 000 等 7 个固定的倍率挡;4,5,6,7 为比较臂读数盘,分别为"×1 000 Ω""×100 Ω""×10 Ω""×1 Ω"挡,各盘电阻之间相互串联,电阻接入电路的多少可直接在面板上读出;此外,面板的下方从左到右依次是按钮开关 B、G 及准备接被测电阻的接线端钮,面板的左侧从上到下依次为用来外接电源的一对接线端钮,以及改接外部检流计的接线端钮与金属连接片。

QJ23 型直流单臂电桥的一般使用步骤:

①把电桥放平稳,断开电源和检流计按钮,进行机械调零,使检流计指针和零线重合。

②用万用表欧姆挡粗测被测电阻值,选取合理的比例臂。使电桥比较臂的四个读数盘

都利用起来,以得到四位有效数值,保证测量精度。

③按选取的比例臂,调好比较臂电阻。

④将被测电阻 R_x 接到标有"R_x"的两个接线端钮之间,先按下电源按钮 B,再按检流计按钮 G,若检流计指针摆向"$+$"端,需增大比较臂电阻;若指针摆向"$-$"端,需减小比较臂电阻。反复调节,直到指针指到零位为止。

⑤读出比较臂的电阻值再乘以倍率,即为被测电阻值。

⑥测量完毕后,先断开按钮 G,再断开按钮 B,拆除测量接线。

(3)注意事项

①正确选择比例臂,使比较臂的第一盘($\times 1\ 000$)上的读数不为 0,才能保证测量的准确度。

②为减少引线电阻带来的误差,被测电阻与测量端的连接导线要短而粗。还应注意各端钮是否拧紧,以避免接触不良引起电桥的不稳定。

③当电池电压不足时应立即更换,采用外接电源时应注意极性与电压额定值。

④被测物不能带电。对含有电容的元器件应先放电 1 min 后再测量。

⑤电桥不用时,应将检流计上的止动器锁住,无止动器的,可用导线或金属连接片将检流计短接。

2. 直流双臂电桥

直流双臂电桥(也称凯尔文电桥)适用于测量电机和变压器绕组的电阻、分流电阻等小电阻(1 Ω 以下)。

如果使用直流单臂电桥测量小电阻,会由于连接被测电阻的接线电阻(数量级为 10^{-3} $\sim 10^{-2}$ Ω)和接头处的接触电阻(数量级为 $10^{-4} \sim 10^{-3}$ Ω)的影响,给测量结果带来不能容许的误差。直流双臂电桥则可以消除接线电阻和接触电阻的影响。

(1)直流双臂电桥的工作原理

下面以用直流双臂电桥测量一根长直导线电阻的电路为例来说明它的工作原理,见图 1-32。图中,电桥和被测电阻都各有两对接线端钮(或接头),一对是电流端钮(电桥处为 C_1 和 C_2,被测电阻处为 C_{x1} 和 C_{x2}),另一对是电位端钮(电桥处为 P_1 和 P_2,被测电阻处为 P_{x1} 和 P_{x2})。电桥的电流端钮、电位端钮分别和被测电阻的对应端钮连线,端钮处的接触电阻及它们之间的接线电阻都粗略地记为 r_1。这时,被测电阻 R_x 是其电位端钮之间的部分。R_n 为标准电阻,作为电桥的比较臂。R_n 和 R_x 之间用一根粗导线连接起来,粗导线的电阻记为 R',R' 非常小。桥臂电阻 R_1、R_2、R_3、R_4 都不低于 10 Ω,而且常使用两个机械联动的转换开关使电桥调节平衡,过程中总有

$$\frac{R_3}{R_1} = \frac{R_4}{R_2}$$

如果调节各桥臂电阻使电桥平衡,$I_g = 0$。根据 KVL,可列出电桥平衡时的一组方程为

$$\left. \begin{array}{l} I_1 R_1 = I_n R_n + I_3 R_3 \\ I_1 (R_2 + r_1) = I_n R_x + I_3 (R_4 + r_1) \\ (I_n - I_3)(R' + r_1) = I_3 (R_3 + R_4 + r_1) \end{array} \right\}$$

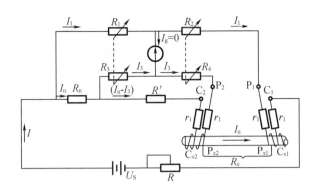

图 1-32 直流双双臂电桥的工作原理

解方程组,可得到

$$R_x = \frac{R_2 + r_1}{R_1}R_n + \frac{(R' + r_1)(R_2 + r_1)}{R' + R_3 + R_4 + 2r_1}\left(\frac{R_3}{R_1} - \frac{R_4 + r_1}{R_2 + r_1}\right)$$

由于接线电阻、接触电阻都远小于 R_1、R_2、R_3、R_4,所以 $\dfrac{R_4 + r_1}{R_2 + r_1}$ 和 $\dfrac{R_4}{R_2}$ 的差别十分微小,可以认为

$$\frac{R_3}{R_1} - \frac{R_4 + r_1}{R_2 + r_1} = \frac{R_3}{R_1} - \frac{R_4}{R_2} = 0$$

由于 $(R' + r_1)$ 非常小,所以第二项(又称修正项)可以忽略不计,被测电阻 R_x 就由第一项决定。也因 $r_1 \ll R_2$,有

$$R_x = \frac{R_2 + r_1}{R_1}R_n \approx \frac{R_2}{R_1}R_n \qquad (1-8)$$

式(1-8)表明,只要接好电桥和被测电阻电流端钮、电位端钮之间的连线,选择恰当的比例臂比率 $\dfrac{R_2}{R_1}$,并调节比较臂电阻使电桥平衡,就可以测量 R_x 的值,而且忽略接触电阻和接线电阻的影响所导致的误差很小。

(2)QJ103 型直流双臂电桥的使用

图 1-33 的(a)(b)分别为 QJl03 型直流双臂电桥的原型电路和面板布置图。电桥的桥臂电阻 R_1、R_2、R_3、R_4 构成固定的比率形式,$\dfrac{R_2}{R_1}$ 的值可有 100,10,1,0.1 和 0.01 五挡,由面板左下方的比率旋钮 1 换接。标准电阻 R_n 可在 0.01~0.11 Ω 之间变动,由面板右方的刻度盘 2 调节并读数。接线柱 C_1、C_2 和 P_1、P_2 是连接被测电阻的电流端钮和电位端钮。此外,面板右上角还备有外接电源的一对接线柱。面板下方有 B、G 两按钮。

使用直流双臂电桥和单臂电桥基本相同,但还要特别注意以下几点:

①被测电阻的电流端钮和电位端钮应和电桥的对应端钮正确连线,以排除接线电阻和接触电阻的影响。②连接导线应尽量短和粗,导线接头应接触良好。③为保证电桥安全和足够的灵敏度,电源电压要适当。此外,电桥工作电流很大,测量应力求迅速,避免电池的无谓消耗。

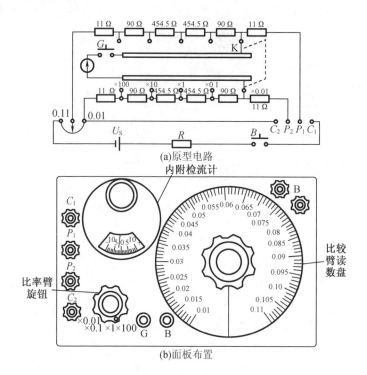

(a)原型电路

内附检流计

比较臂读数盘

比率臂旋钮

(b)面板布置

图1-33 直流双臂电桥的原型电路和面板布置图

【练习与思考】

1-18 用万用表欧姆挡粗测某电阻为 $1.5 \times 10^2 \ \Omega$，试问使用 QJ23 型直流单臂电桥测量该电阻应选用多大的比率？在选用了适当比率之后，调比较臂电阻为 1 537 Ω 时电桥平衡，求被测电阻 R_x。

1-19 什么情况下用单、双臂电桥测量电阻？

1.2.9 电动式功率表

1. 电动式功率表的工作原理

电动式功率表用于测量正弦电路中负载的平均功率时，定圈 B 与负载串联，动圈 C 串联附加电阻 R_d 后与负载并联，如图 1-34(a)所示。这时，流过定圈中的电流 $\dot{I}_1$ 和负载电流 $\dot{I}_2$ 实际上是同一电流，因此，定圈也常称为电流线圈。如果忽略动圈的感抗并且记动圈支路的电阻（包括 R_d）为 R_2，则流过动圈中的电流为

$$\dot{I}_2 = \frac{\dot{U}}{R_2}$$

因为动圈电流反映了被测电路的电压，动圈也常称为电压线圈。

根据前面内容可知，电动式测量机构指针的偏转角 α 正比于定圈、动圈电流的有效值以及它们之间相位差余弦 $\cos \varphi$ 的乘积。由于 $\dot{I}_1$ 以及 $\dot{I}_2$ 和 $\dot{U}_2$ 同相，电流 $\dot{I}_1$ 和 $\dot{I}_2$ 的相位差 φ 就等于 $\dot{I}$ 和 $\dot{U}$ 之间的相位差 φ，功率表的指针偏转角

$$\alpha = KI_1 I_2 \cos \varphi = KI \frac{U}{R_2} \cos \varphi = K_P UI \cos \varphi = K_P P \qquad (1-9)$$

图1-34(b)是负载为感性时功率表中的电流$\dot{I}_1$、$\dot{I}_2$和电压$\dot{U}$的相量图。

通过以上分析可知,电动式功率表可用来测量正弦电路的功率,功率表的标尺可以直接按功率大小刻度,而且刻度均匀。

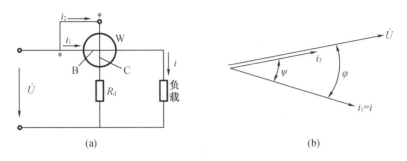

图1-34 功率表的原理图及相量图

2. 电动式功率表的正确接线

如果改变功率表一个线圈中电流的方向,则该线圈中通过的电流与原先的反相,两线圈中流过电流的相位差比原先的增加了180°,则由式(1-9)可知,偏转角将变成负值,即功率表的指针就会反偏。因此功率表接线必须使线圈中的电流遵循一定的方向。在接线时要区分线圈的"起端"和"终端"。功率表线圈的"起端"通常用符号"*"标出。标有"*"号的接线端子称发电机端。接线时电流线圈和电压线圈的发电机端要接在电源的同一极性上,从而保证通过线圈的电流都由发电机端流入。按照这样的接线原则,功率表的正确接线有两种。图1-35是功率表的两种正确接线。图1-35(a)是电压线圈前接的电路。图1-35(b)是电压线圈后接的电路。

两种正确接线方式有不同的特点和适用范围:电压线圈前接的电路,电流线圈与负载串联,功率表电压线圈支路的电压还包括电流线圈上的压降。功率表的读数反映电流线圈电阻R_1及负载电阻R损耗的功率。当负载电阻$R \gg R_1$时,负载的损耗远比电流线圈损耗大,功率表的读数比较正确地反映了负载的功率。因此电压线圈前接的接线方式适用于$R \gg R_1$的场合。电压线圈后接的电路,电压线圈与负载并联,流经电流线圈的电流还包括功率表电压线圈支路上的电流,所以功率表读数反映电压线圈支路的损耗$\frac{U^2}{R_2}$和负载的功率。当电压线圈支路的电阻$R_2 \gg R$时,功率表的读数比较正确地反映负载功率。因此电压线圈后接的接线方式适用于$R_2 \gg R$的场合。总之,不论是电压线圈前接还是后接,功率表的读数都会由于内部损耗的影响而产生误差。采用适当的接线方式能减小误差。在一般的工程测量中,常采用电压线圈前接的方式。

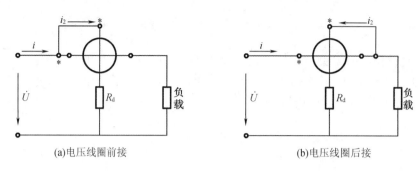

(a)电压线圈前接 　　　　　　　　　　(b)电压线圈后接

图 1 – 35　功率表的正确接线图

　　图 1 – 36 是功率表的几种常见的错误接线。

　　图 1 – 36(a)没有按功率表的正确接线原则接线。这种接线使指针反偏还可能损坏仪表。图 1 – 36(b)由于分压电阻 R_d 比电压线圈的电阻大得多,电源电压几乎全部降落在 R_d 上,使两个线圈之间的电压接近电源电压,结果引起较大的静电误差,还可能使线圈的绝缘击穿。图 1 – 36(c)既没有按功率表的正确接线原则接线,又使定圈、动圈之间的电压接近于电源电压 U,因此这种接线错误更严重。

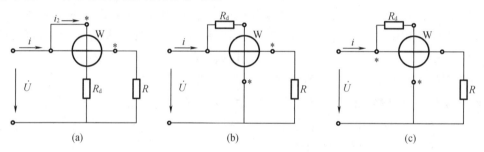

(a)　　　　　　　　　(b)　　　　　　　　　(c)

图 1 – 36　功率表的几种常见的错误接线

3.功率表的量程和指示值

(1)功率表的量程

　　普通功率表的量程是在负载功率因数 $\cos\varphi = 1$ 时,电压量程和电流量程的乘积。电流量程是仪表与被测电路串联部分的额定电流。电压量程是仪表电压线圈支路允许承受的额定电压。在选择功率表时,不仅要注意被测功率是否超过功率表的量程,而且还要注意被测电路的电流和电压是否超出功率表的电流量程和电压量程。当被测电路的功率因数 $\cos\varphi < 1$ 时,即使功率表的指针未达到满刻度值,而被测电路的电流和电压都有可能已超出了功率表的电流和电压量程。在实际测量中,为了保护功率表,常接入电压表和电流表,以监视被测电路的电流和电压。

　　功率表量程的改变通过改变电流或电压量程就可实现。图 1 – 37 是多量程功率表的接线图。电流量程的改变是通过改接图 1 – 37 中的金属连接片。金属连接片按图中的虚线位置接线,使两个相同的额定电流为 1 A 的电流线圈 1 和 1′串联,电流量程为 1 A。按实线位置接线,两个电流线圈并联,电流量程为 2 A。电压量程的改变靠电压线圈 2 串联不同的分压电阻来实现。

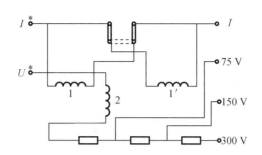

图 1 – 37 多量程功率表的接线图

（2）功率表的指示值

便携式多量程功率表的标尺不注明瓦特数，只标出分格数，每分格代表的功率值由电流和电压的量程确定。每分格代表的功率值称为分格常数，记作 c。普通功率表的分格常数为

$$c = \frac{U_N I_N}{\alpha_m} \qquad (1-10)$$

式中，U_N 和 I_N 为电压量程和电流量程，α_m 为标尺满刻度的格数。功率表的指示值可按下式计算

$$P = c \cdot \alpha \qquad (1-11)$$

式中，α 为指针偏转格数。

例 1 – 5 功率表的电压量程为 75 V，电流量程为 1 A，标尺分格数为 150 格。接入被测电路，功率表指针偏转 90 格。试求被测电路的功率 P。

解
$$P = c \cdot \alpha = \frac{U_N I_N}{\alpha_m}\alpha = \frac{75 \times 1}{150} \times 90 = 45 \text{ W}$$

4. 低功率因数功率表

当被测电路的功率因数很低时（例如测量变压器的空载损耗），即使在额定电压、额定电流的条件下，普通功率表的读数也是很小的，这会使测量结果有很大的误差。低功率因数功率表是专供在低功率因数电路中测量较小功率时使用的功率表。

低功率因数功率表的作用原理和普通功率表基本相同。只是由于采取了一些误差补偿措施以及标尺按低功率因数刻度，所以这种功率表用来测量低功率因数负载的小功率时，能保证测量结果具有足够的准确度。

使用低功率因数功率表时要特别注意以下几点：

（1）低功率因数功率表表面标明的额定功率因数 $\cos \varphi_N$（如 0.2，0.1 等），并不是被测电路的功率因数，而是在额定电压和额定电流下能使功率表的指针满偏的功率因数。

（2）低功率因数功率表的分格常数

$$c = \frac{U_N I_N \cos \varphi_N}{\alpha_m}$$

如果 $\cos \varphi_N = 0.2$，$\alpha_m = 100$ 格，电压量程为 100 V，电流量程为 0.5 A，按上式计算所得分格常数 c 为 0.1 W/格。

（3）带有补偿线圈的低功率因数功率表只能采用电压线圈后接的接线方式。

【练习与思考】

1-20 电动式功率表接线应按什么原则,为什么?

1-21 功率表的量程指哪些?测量时为什么要接入电压表和电流表来监护?

1-22 低功率因数功率表使用时应注意哪几点?

1-23 单相负载功率为 600 W,电压为 220 V,功率因数为 0.6。若用电压量程为 150 V/300 V,电流量程为 2.5 A/5 A 的功率表测量。问应该选择多大的电压和电流量程?若功率表的分格数为 150 格,测量时指针应偏过多少小格?

1-24 单相负载功率因数为 0.5,额定电压为 220 V,额定电流为 0.4 A。问能否用电压量程为 300 V,电流量程为 1 A,$\cos \varphi_N = 0.1$ 的低功率因数功率表测量负载的功率,为什么?

1.2.10 单相电度表

单相电度表又叫千瓦小时表、电能表,是用来计量单相用电设备(如照明电路)所消耗电能的仪表,具有累计功能。

1. 单相电度表的结构

单相电度表的结构如图 1-38 所示,主要由以下四个部分组成:

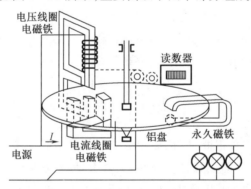

图 1-38 电度表的结构

①驱动元器件,包括电流部件和电压部件。电流部件由铝盘下面 U 形铁芯和绕在它上面的电流线圈组成。电流线圈线径粗,匝数少,接线时与被测电路串联。电压部件由铝盘后面 9 字形的铁芯和绕在该铁芯上的线圈组成。电压线圈的线径细,匝数多,接线时与被测电路并联。驱动元件的作用是产生转动力矩。

②转动元件,即转盘。它是由铝制的圆盘和固定在铝盘上的转轴组成。驱动元件产生的交变磁通穿过铝盘时在铝盘上有感应电流(称为涡流),该电流与磁通相互作用产生电磁力矩驱使铝盘转动。

③制动元件,即制动磁铁,是由一个永久磁铁构成。铝盘转动时在永久磁铁的磁场作用下产生反作用力矩,使铝盘匀速转动。

④积算机构,它包括安装在转轴上的蜗杆、蜗轮计数器,用来计算电度表铝盘的转数,

实现电能的测量和积算。与指针式仪表比较,电度表没有指针和标尺,代替这些的是积算机构。

此外,还有支架、接线盒及调节装置。

2. 电度表的工作原理

电度表接入交流电源,并接通负载后,电压线圈接在交流电源两端,而电流线圈又流入交流电流,这两个线圈产生的交变磁场,穿过转盘,在转盘上产生涡流,涡流和交变磁场作用产生转矩,驱使转盘转动。转盘转动后在制动磁铁的磁场作用下也产生涡流,该涡流与磁场作用产生与转盘转向相反的制动力矩,使转盘的转速与负载的功率大小成正比。转速用计数器显示出来,计数器累计的数字即为用户消耗的电能,并已转换为度数($kW \cdot h$)。

3. 单相电度表的接线

单相电度表共有四个接线柱,从左到右按1,2,3,4编号。一般单相电度表接线柱1,3接电源进线(1为相线进,3为中性线进),接线柱2,4接出线(2为相线出,4为中性线出)。接线方法如图1-39所示。但也有单相电度表按号码接线柱1,2接进线,3,4接出线。采用何种接法,应参照电度表接线盖子上的接线图。

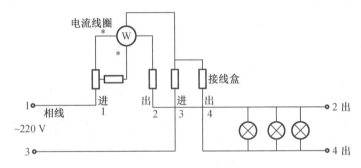

图1-39 电度表的接线

4. 电度表的抄表和读数

(1)普通跳字型指示盘电度表的读数

跳字型指示盘电度表又称直读数字电度表。这种电度表指示盘的读取方法很简单,可以在电度表指示盘上按个、十、百、千位的数字直接读取数值。第二次抄表的数字减去第一次抄表的数字,就是两次抄表期间的用电度数。如电度表本月末是765.9,上月末是732.6,则本月实际使用的电量为

$$765.9 - 732.6 = 33.3(kW \cdot h)$$

当计数器从9 999.9变成0 000.0时,称计数器翻转,抄表时要在最高位前加1。例如,从9 999.7走到0 003.6,实际用电度数为

$$10 003.6 - 9 999.7 = 3.9(kW \cdot h)$$

(2)标有倍率的电度表的读数

电度表的刻度盘上,有的标有"×10""×50""乘率10或50"等字样。"×"或"乘率"表明这块表读取数值或计算电量时,需要乘一个倍率数值。例如,从一块电能表刻度上读取积算电量时,数值为888.8,如果表盘上标有"乘率10"或"×10"字样,则它的实际电量

应为
$$888.8 \times 10 = 8\ 888 (\text{kW} \cdot \text{h})$$

（3）经电流、电压互感器接入的电度表的读数

互感器的变比与电度表标明的一致时，电度表的读数值乘以互感器的变比，才是被测电量的实际值。如电度表上标注互感器变比为 3 000/100 V、100/5 A，而实际使用的互感器变比也是 3 000/100 V、100/5 A，若这只电能表的积算数值为326.8，则被测电路中实际电量为
$$326.8 \times \frac{3\ 000}{100} \times \frac{100}{5} = 196\ 080 (\text{kW} \cdot \text{h})$$

1.2.11 示波器

示波器是一种用途十分广泛的电子测量仪器。它能把肉眼看不见的电信号变换成看得见的图像，便于人们研究各种电现象的变化过程。示波器利用狭窄的、由高速电子组成的电子束，打在涂有荧光物质的屏面上，就可产生细小的光点。在被测信号的作用下，电子束就像一支笔的笔尖，可以在屏面上描绘出被测信号瞬时值的变化曲线。利用示波器能观察各种不同信号幅度随时间变化的波形曲线，还可以用来测试各种不同的电量，如电压、电流、频率、相位差、调幅度，等等。图 1-40 所示是几种示波器。

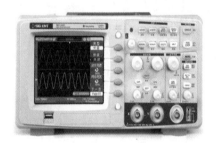

图 1-40　示波器

1. 示波器的组成

示波器由显示电路、垂直（Y 轴）放大电路、水平（X 轴）放大电路、扫描与同步电路、电源供给电路五部分组成。

（1）显示电路

显示电路包括示波管及其控制电路两个部分。示波管是一种特殊的电子管，是示波器一个重要组成部分。示波管由电子枪、偏转系统和荧光屏三个部分组成。

（2）垂直（Y 轴）放大电路

由于示波管的偏转灵敏度甚低，例如常用的示波管 13SJ38J 型，其垂直偏转灵敏度为 0.86 mm/V（约 12 V 电压产生 1 cm 的偏转量），所以一般的被测信号电压都要先经过垂直放大电路的放大，再加到示波管的垂直偏转板上，以得到垂直方向的适当大小的图形。

（3）水平(X轴)放大电路

由于示波管水平方向的偏转灵敏度很低,所以接入示波管水平偏转板的电压(锯齿波电压或其他电压)要先经过水平放大电路的放大以后,再加到示波管的水平偏转板上,以得到水平方向适当大小的图形。

（4）扫描与同步电路

扫描电路产生一个锯齿波电压。该锯齿波电压的频率能在一定的范围内连续可调。锯齿波电压的作用是使示波管阴极发出的电子束在荧光屏上形成周期性的、与时间成正比的水平位移,即形成时间基线。这样,才能把加在垂直方向的被测信号按时间的变化波形呈现在荧光屏上。

（5）电源供给电路

电源供给电路供给垂直与水平放大电路、扫描与同步电路及示波管与控制电路所需的负高压、灯丝电压等。

在示波器中,被测信号电压加到示波器的 Y 轴输入端,经垂直放大电路加于示波管的垂直偏转板。示波管的水平偏转电压,虽然多数情况都采用锯齿电压(用于观察波形),但有时也采用其他的外加电压(用于测量频率、相位差等),因此在水平放大电路输入端有一个水平信号选择开关,以便按照需要选用示波器内部的锯齿波电压,或选用外加在 X 轴输入端上的其他电压作为水平偏转电压。

此外,为了使荧光屏上显示的图形保持稳定,要求锯齿波电压信号的频率和被测信号的频率保持同步。这样,不仅要求锯齿波电压的频率能连续调节,而且在产生锯齿波的电路上还要输入一个同步信号。这样,对于只能产生连续扫描(即产生周而复始、连续不断的锯齿波)状态的简易示波器(如国产 SB10 型等示波器)而言,需要在其扫描电路上输入一个与被观察信号频率相关的同步信号,以牵制锯齿波的振荡频率。对于具有等待扫描功能(即平时不产生锯齿波,当被测信号来到时才产生一个锯齿波,进行一次扫描)的示波器(如国产 ST-16 型示波器、SR-8 型双踪示波器等而言,需要在其扫描电路上输入一个与被测信号相关的触发信号,使扫描过程与被测信号密切配合。为了适应各种需要,同步(或触发)信号可通过同步或触发信号选择开关来选择,通常来源有以下三个:

①从垂直放大电路引来被测信号作为同步(或触发)信号,此信号称为"内同步"(或"内触发")信号;

②引入某种相关的外加信号为同步(或触发)信号,此信号称为"外同步"(或"外触发")信号,该信号加在外同步(或外触发)输入端;

③有些示波器的同步信号选择开关还有一挡"电源同步",是由 220 V、50 Hz 电源电压,通过变压器次级降压后作为同步信号。

2.示波器的使用方法

示波器虽然分成好几类,各类又有许多种型号,但是一般的示波器除频带宽度、输入灵敏度等不完全相同外,在基本的使用方法方面都是相同的。

下面以 SR-8 型双踪示波器为例介绍。

（1）面板装置

SR-8 型双踪示波器的面板图如图 1-41 所示。其面板装置按其位置和功能通常可划分为三大部分:显示、垂直(Y轴)、水平(X轴)。现分别介绍这三个部分控制装置的作用。

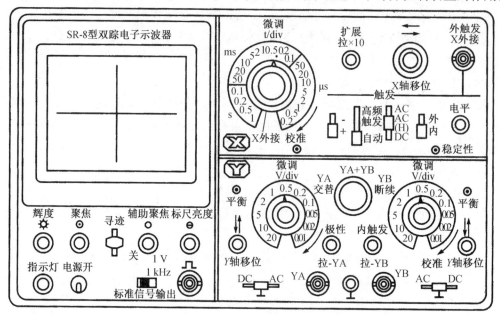

图1-41　SR-8型双踪示波器

①显示部分

ⓐ电源开关。

ⓑ电源指示灯。

ⓒ辉度:调整光点亮度。

ⓓ聚焦:调整光点或波形清晰度。

ⓔ辅助聚焦:配合"聚焦"旋钮调节清晰度。

ⓕ标尺亮度:调节坐标片上刻度线亮度。

ⓖ寻迹:当按键向下按时,使偏离荧光屏的光点回到显示区域,而寻到光点位置。

ⓗ标准信号输出:1 kHz、1 V方波校准信号由此引出。加到Y轴输入端,用以校准Y轴输入灵敏度和X轴扫描速度。

②Y轴部分

ⓐ显示方式选择开关:用以转换两个Y轴前置放大器YA与YB工作状态的控制件,具有五种不同作用的显示方式:

"交替":当显示方式开关置于"交替"时,电子开关接受扫描信号控制转换,每次扫描都轮流接通YA或YB信号。当被测信号的频率越高,扫描信号频率也越高。电子开关转换速率也越快,不会有闪烁现象。这种工作状态适用于观察两个工作频率较高的信号。

"断续":当显示方式开关置于"断续"时,电子开关不受扫描信号控制,产生频率固定为200 kHz方波信号,使电子开关快速交替接通YA和YB。由于开关动作频率高于被测信号频率,因此屏幕上显示的两个通道信号波形是断续的。当被测信号频率较高时,断续现象十分明显,甚至无法观测;当被测信号频率较低时,断续现象被掩盖。因此,这种工作状态适合于观察两个工作频率较低的信号。

"YA"和"YB":显示方式开关置于"YA"或者"YB"时,表示示波器处于单通道工作,此时示波器的工作方式相当于单踪示波器,即只能单独显示"YA"或"YB"通道的信号波形。

"YA + YB":显示方式开关置于"YA + YB"时,电子开关不工作,YA 与 YB 两路信号均通过放大器和门电路,示波器将显示出两路信号叠加的波形。

ⓑ"DC—⊥—AC":Y 轴输入选择开关,用以选择被测信号接至输入端的耦合方式。置于"DC"位置时是直接耦合,能输入含有直流分量的交流信号;置于"AC"位置,实现交流耦合,只能输入交流分量;置于"⊥"位置时,Y 轴输入端接地,这时显示的时基线一般用来作为测试直流电压零电平的参考基准线。

ⓒ"微调 V/div":灵敏度选择开关及微调装置。灵敏度选择开关是套轴结构,黑色旋钮是 Y 轴灵敏度粗调装置,自 10 mV/div ~ 20 V/div 分 11 挡,红色旋钮为细调装置,顺时针方向增加到满度时为校准位置,可按粗调旋钮所指示的数值,读取被测信号的幅度。当此旋钮反时针转到满度时,其变化范围应大于 2.5 倍,连续调节"微调"电位器,可实现各挡级之间的灵敏度覆盖,在做定量测量时,此旋钮应置于顺时针满度的"校准"位置。

ⓓ"平衡":当 Y 轴放大器输入电路出现不平衡时,显示的光点或波形就会随"V/div"开关的"微调"旋转而出现 Y 轴方向的位移,调节"平衡"电位器能将这种位移减至最小。

ⓔ"↑↓":Y 轴位移电位器,用以调节波形的垂直位置。

ⓕ"极性、拉 YA":YA 通道的极性转换按拉式开关。拉出时 YA 通道信号倒相显示,即显示方式 YA + YB 时,显示图像为 YB − YA。

ⓖ"内触发、拉 YB":触发源选择开关。在按下的位置上(常态)扫描触发信号分别取自 YA 及 YB 通道的输入信号,适用于单踪或双踪显示,但不能够对双踪波形作时间比较。当把开关拉出时,扫描的触发信号只取自 YB 通道的输入信号,因而它适用于双踪显示时对比两个波形的时间和相位差。

ⓗY 轴输入插座:采用 BNC 型插座,被测信号由此直接或经探头输入。

③X 轴部分

ⓐ"t/div":扫描速度选择开关及微调旋钮。X 轴的光点移动速度由其决定,从 0.2 μs ~ 1 s 共分 21 挡。当该开关"微调"电位器顺时针方向旋转到底并接上开关后,即为"校准"位置,此时"t/div"的指示值,即为扫描速度的实际值。

ⓑ"扩展、拉 ×10":扫描速度扩展装置。是按拉式开关,在按的状态下正常使用,拉的位置扫描速度增加 10 倍。"t/div"的指示值也应相应计取。采用"扩展、拉 ×10"适于观察波形细节。

ⓒ"→←":X 轴位置调节旋钮。X 轴光迹的水平位置调节电位器,是套轴结构。外圈旋钮为粗调装置,顺时针方向旋转基线右移,反时针方向旋转则基线左移。置于套轴上的小旋钮为细调装置,适用于经扩展后信号的调节。

ⓓ"外触发、X 外接"插座:采用 BNC 型插座。在使用外触发时,作为连接外触发信号的插座,也可以作为 X 轴放大器外接时信号输入插座,其输入阻抗约为 1 MΩ。外接使用时,输入信号的峰值应小于 12 V。

ⓔ"触发电平"旋钮:触发电平调节电位器旋钮,用于选择输入信号波形的触发点。具体地说,就是调节开始扫描的时间,决定扫描在触发信号波形的哪一点上被触发。顺时针

方向旋动时,触发点趋向信号波形的正向部分,逆时针方向旋动时,触发点趋向信号波形的负向部分。

ⓕ"稳定性"触发稳定性微调旋钮:用以改变扫描电路的工作状态,一般应处于待触发状态。调整方法是将 Y 轴输入耦合方式选择(AC－⊥－DC)开关置于地挡,将 V/div 开关置于最高灵敏度的挡级,在电平旋钮调离自激状态的情况下,用小螺丝刀将稳定度电位器顺时针方向旋到底,则扫描电路产生自激扫描,此时屏幕上出现扫描线;然后逆时针方向慢慢旋动,使扫描线刚消失,此时扫描电路即处于待触发状态。在这种状态下,用示波器进行测量时,只要调节电平旋钮,即能在屏幕上获得稳定的波形,并能随意调节选择屏幕上波形的起始点位置。少数示波器,当稳定度电位器逆时针方向旋到底时,屏幕上出现扫描线;然后顺时针方向慢慢旋动,使屏幕上扫描线刚消失,此时扫描电路即处于待触发状态。

ⓖ"内、外"触发源选择开关:置于"内"位置时,扫描触发信号取自 Y 轴通道的被测信号;置于"外"位置时,触发信号取自"外触发 X 外接"输入端引入的外触发信号。

ⓗ"AC""AC(H)""DC"触发耦合方式开关:"DC"挡,是直流耦合状态,适合于变化缓慢或频率甚低(如低于 100 Hz)的触发信号;"AC"挡,是交流耦合状态,由于隔断了触发中的直流分量,因此触发性能不受直流分量影响;"AC(H)"挡,是低频抑制的交流耦合状态,在观察包含低频分量的高频复合波时,触发信号通过高通滤波器进行耦合,抑制了低频噪声和低频触发信号(2 MHz 以下的低频分量),免除因误触发而造成的波形晃动。

ⓘ"高频、常态、自动"触发方式开关:用以选择不同的触发方式,以适应不同的被测信号与测试目的。"高频"挡,频率很高(如高于 5 MHz),且无足够的幅度使触发稳定时,选该挡。此时扫描处于高频触发状态,由示波器自身产生的高频信号(200 kHz 信号),对被测信号进行同步。不必经常调整电平旋钮,屏幕上即能显示稳定的波形,操作方便,有利于观察高频信号波形。"常态"挡,采用来自 Y 轴或外接触发源的输入信号进行触发扫描,是常用的触发扫描方式。"自动"挡,扫描处于自动状态(与高频触发方式相仿),但不必调整电平旋钮,也能观察到稳定的波形,操作方便,有利于观察较低频率的信号。

ⓙ"＋、－"触发极性开关:在"＋"位置时选用触发信号的上升部分,在"－"位置时选用触发信号的下降部分对扫描电路进行触发。

(2)使用前的检查、调整和校准

示波器在初次使用前或久藏复用时,有必要进行一次能否工作的简单检查和进行扫描电路稳定度、垂直放大电路直流平衡的调整。示波器在进行电压和时间的定量测试时,还必须进行垂直放大电路增益和水平扫描速度的校准。示波器能否正常工作的检查方法、垂直放大电路增益和水平扫描速度的校准方法,由于各种型号示波器的校准信号的幅度、频率等参数不一样,因而检查、校准方法略有差异。

(3)使用步骤

用示波器能观察各种不同电信号幅度随时间变化的波形曲线,在这个基础上示波器可以应用于测量电压、时间、频率、相位差和调幅度等电参数。下面介绍用示波器观察电信号波形的使用步骤。

①选择 Y 轴耦合方式

根据被测信号频率的高低,将 Y 轴输入耦合方式选择"AC—⊥—DC"开关置于 AC

或 DC。

②选择 Y 轴灵敏度

根据被测信号的大约峰—峰值(如果采用衰减探头,应除以衰减倍数;在耦合方式取 DC 挡时,还要考虑叠加的直流电压值),将 Y 轴灵敏度选择 V/div 开关(或 Y 轴衰减开关)置于适当挡级。实际使用中如不需读测电压值,则可适当调节 Y 轴灵敏度微调(或 Y 轴增益)旋钮,使屏幕上显现所需要高度的波形。

③选择触发(或同步)信号来源与极性

通常将触发(或同步)信号极性开关置于"+"或"-"挡。

④选择扫描速度

根据被测信号周期(或频率)的大约值,将 X 轴扫描速度 t/div(或扫描范围)开关置于适当挡级。实际使用中如不需读测时间值,则可适当调节扫描速度 t/div 微调(或扫描微调)旋钮,使屏幕上显示测试所需周期数的波形。如果需要观察的是信号的边沿部分,则扫描速度 t/div 开关应置于最快扫描速度挡。

⑤输入被测信号

被测信号由探头衰减后(或由同轴电缆不衰减直接输入,但此时的输入阻抗降低、输入电容增大),通过 Y 轴输入端输入示波器。

(4)常见故障现象

示波器常见故障及产生原因分析如表1-4所示。

表1-4 示波器常见故障及产生原因

现象	原因
没有光点或波形	电源未接通 辉度旋钮未调节好 X 轴、Y 轴移位旋钮位置调偏 Y 轴平衡电位器调整不当,造成直流放大电路严重失衡
水平方向展不开	触发源选择开关置于外挡,且无外触发信号输入,则无锯齿波产生 电平旋钮调节不当 稳定度电位器没有调整在使扫描电路处于待触发的临界状态 X 轴选择误置于 X 外接位置,且外接插座上又无信号输入,双踪示波器如果只使用 A 通道(B 通道无输入信号),而内触发开关置于拉 YB 位置,则无锯齿波产生
垂直方向无展示	输入耦合方式 DC-⊥-AC 开关误置于接地位置 输入端的高、低电位端与被测电路的高、低电位端接反 输入信号较小,而 V/div 误置于低灵敏度挡
波形不稳定	稳定度电位器顺时针旋转过度,致使扫描电路处于自激扫描状态(未处于待触发的临界状态) 触发耦合方式 AC、AC(H)、DC 开关未能按照不同触发信号频率正确选择相应挡级 自动挡(连续扫描)时,波形不稳定

表 1-4（续）

现象	原因
垂直线条密集或呈现矩形	t/div 开关选择不当,致使扫描频率远小于信号频率
水平线条密集或呈一条倾斜水平线	t/div 开关选择不当,致使扫描频率远大于信号频率
垂直方向的电压读数不准	未进行垂直方向的偏转灵敏度(V/div)校准 进行 V/div 校准时,V/div 微调旋钮未置于校正位置(即顺时针方向未旋足) 进行测试时,V/div 微调旋钮调离了校正位置(即调离了顺时针方向旋足的位置) 使用 10:1 衰减探头,计算电压时未乘以 10 倍 被测信号频率超过示波器的最高使用频率,示波器读数比实际值偏小。测得的是峰—峰值,正弦有效值需换算求得
水平方向的读数不准	未进行水平方向的偏转灵敏度(t/div)校准 进行 t/div 校准时,t/div 微调旋钮未置于"校准"位置(即顺时针方向未旋足) 进行测试时,t/div 微调旋钮调离了校正位置(即调离了顺时针方向旋足的位置) 扫速扩展开关置于"拉(×10)"位置时,测试未按"t/div"开关指示值提高灵敏度 10 倍计算
测不出两个信号间的相位差	双踪示波器误把内触发(拉 YB)开关置于"按"(常态)位置应把该开关置于"拉 YB"位置 双踪示波器没有正确选择显示方式开关的交替和断续挡 单线示波器触发选择开关误置于内挡 单线示波器触发选择开关虽置于外挡,但两次外触发未采用同一信号
调幅波形失常	t/div 开关选择不当,扫描频率误按调幅波载波频率选择(应按音频调幅信号频率选择)
波形调不到要求的起始时间和部位	稳定度电位器未调整在待触发的临界触发点上 触发极性(+ 、-)与触发电平(+ 、-)配合不当 触发方式开关误置于自动挡(应置于常态挡)
使用不当造成的异常现象	示波器在使用过程中,往往由于操作者对于示波原理不甚理解和对示波器面板控制装置的作用不熟悉,会出现由于调节不当而造成异常现象

【练习与思考】

1-25 在直流稳压电源稳压方式使用下,"调流"旋钮为什么不能逆时针旋到底?

1-26 如果要在示波器的荧光屏上得到以下图形:

(1)一个光点;

(2)一条垂直线;

(3)一条水平线;

(4)一条频率为 50 Hz 的稳定正弦波形。

分别应调节哪些旋钮,为什么?

1-27 要观察信号的全部成分,通道输入方式应当用"AC"还是"DC"?

1-28 示波器面板显示屏上显示的是一亮度很低、线条较粗且模糊不清的波形。

(1)若要增大显示波形的亮度,应调节什么旋钮?

(2)若要屏上波形线条变细且边缘清晰,应调节什么旋钮?

(3)若要将波形曲线调至屏中央,应调节哪两个旋钮?

任务1.3 基本电量的测量

电压、电流、功率、频率等参数是电工学实验中的基本测量内容。由于电工学课程中包含了电工技术及电子技术两大部分,所以实验中的被测量及测量方法或有共性,或各具特色。电压测量是实验基本技能,其他电流、功率、频率等物理量都可以通过测量电压来间接得到,因此在电压测量这一节中较为详细地加以阐述。

1.3.1 电压的测量

1. 直流电压的测量

(1)电工电路中测量直流电压

通常用磁电式电压表,电压表应并联到被测电路的两端,使用直流电压表时,要注意极性、量程范围和精度。对低电压的一般性测量也可使用万用表。

(2)电子电路中测量直流电压

通常用万用表,测量时均应并联到被测电路的两端。接线时,在注意极性的同时,尽可能使万用表直流电压挡的量程与被测电压接近, 以提高数据的有效位数。一般数字万用表直流电压挡的输入电阻可达 10 MΩ 以上,所以对被测电路的影响较小;指针式万用表直流电压挡的输入电阻一般不太大,而且各量程挡的内阻不同,因此只适用于被测电路等效内阻很小或信号源内阻很小的情况。

用示波器也可以测直流电压,但首先应将示波器垂直偏转灵敏度的微调旋钮置校准位置,同时将输入耦合开关置 GND(即接地)挡,并将时基线与屏幕的某刻度线重合作为参考零电压值,然后将输入耦合开关置 DC(即直流)挡,输入直流电压信号后,时基线就上移或下移,根据偏移值(DIV)及偏移方向,可算出被测直流电压值和极性。偏移值(DIV)与通道灵敏度(V/div)之乘积为被测的直流电压值。

2. 交流电压的测量

(1)电工电路中测量交流电压

用电磁式电压表测量,电压表应并联到被测电路的两端。

测量交流高电压时,通常采用交流电压表经电压互感器并联到被测电路两端的方法,如图 1-42 所示。一般电压互感器二次侧电压设计为标准值 100 V,测量时,只要把电压表的实际读数乘上互感器的变压比,就是被测电压 U。使用时,要注意电压互感器二次绕组不能短接,并且其一端要接地。

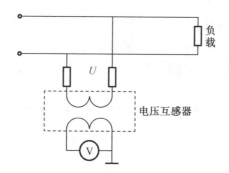

图1-42　用电压互感器测量交流高电压

（2）电子电路中测量交流电压

因交流信号电压有频率范围宽、存在非正弦电压、交直流电压并存等特点，在电压测量中，可根据被测电压的波形、工作频率、被测电路阻抗大小、测量精度等选择测量仪表。

①用万用表测交流电压

用万用表的交流电压挡能测45 Hz～1 kHz交流电压。指针式万用表的各交流电压挡内阻都较直流电压挡低，测量时，应尽可能减小对被测电路的影响；数字式万用表的交流电压挡输入阻抗较高，对被测电路影响小。两者都有测量频率范围小的缺点，只能测频率为几百赫兹的交流电压值。

②用示波器测交流电压

用示波器能测各种波形的电压，速度快，但误差较大，一般误差为5%～10%。测量时，将示波器的微调旋钮置校正位置，输入耦合开关置AC（即交流）挡，将待测信号送至垂直输入端，选择合适的衰减挡及时间挡，可在屏幕上显示稳定的波形。波形最大值的垂直距离（DIV）与通道灵敏度（V/div）之积是被测交流电压的峰值。

1.3.2　电流的测量

1. 直流电流的测量

测量直流电流通常用磁电式电流表，电流表应串联在待测电流的支路中，切不可将电流表并联在被测电路中，以免烧毁电流表。选择电流表时，应考虑量程范围和精度，同时还必须注意极性，保证电流从标有"＋"的接线端流入仪表。

用万用表测量小电流时，应使用直流电流挡，在注意极性的同时，也应注意相应的量程。

2. 交流电流的测量

测量交流电流用电磁式电流表，同样，电流表也应串联在待测电流的支路中。

测量工频交流大电流时，多采用电流互感器，其接线示意图如图1-43所示，电流互感器的一次绕组串入待测电路，二次绕组与电流表连接成闭合回路。电流互感器的二次绕组不能开路，否则在二次绕组两端将感应出高电压并且铁芯很快发热，对人和设备均有危险。通常，电流互感器二次绕组额定电流为标准值5 A，所以，测量时，只要把电流表的读数乘上互感器变流比，就是被测交流电流值。

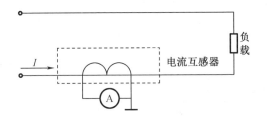

图 1-43 用电流互感器测交流大电流

1.3.3 功率的测量

1. 直流功率的测量

为测直流功率,可先测出直流电流值和直流电压值,再用公式 $P=UI$ 计算得到直流功率。根据不同的负载,直流电流表、直流电压表接在电路中的方式也不同。图 1-44(a)所示的接法适用于负载电流大的功率测量;图 1-44(b)所示的接法适用于负载电流小的功率测量。

直流功率也可以采用电动式功率表直接测出。

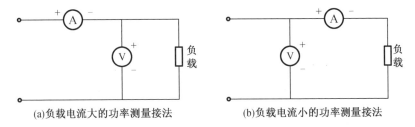

(a)负载电流大的功率测量接法   (b)负载电流小的功率测量接法

图 1-44 测量直流功率的两种情况

2. 交流功率的测量

由于工程上使用最多的还是三相交流电,因此,测量三相交流电路的功率也就显得十分重要。

(1)三相有功功率的测量

①一表法

一表法仅适用于三相对称电路,当负载接成星形并且中性点可以接线时,可按图 1-45 (a)所示的接线方法用一只功率表测出一相有功功率 P_1,则三相总有功功率为

$$P=3P_1 \tag{1-12}$$

当负载接成三角形并且功率表的电流线路有可能接入其中一相时,可按图 1-45(b)所示的方式接线,则读数的三倍即是三相总有功功率。

当星形负载的中性点不能接线或功率表不能接入三角形负载中的一相时,可以人工设置一个中性点,用一只功率表测量三相有功功率,如图 1-45(c)所示。需要说明的是,三个电容值必须相等。如果三相负载是感性的,它还可以提高电路的功率因数。当然,换成三个等值的电阻(如三个瓦数相等的白炽灯)也是可以的,只是三个电阻要多消耗一部分有功功率。

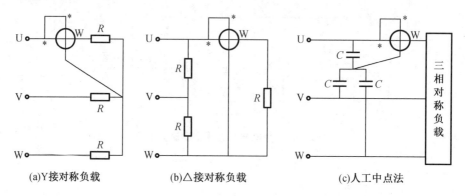

(a)Y接对称负载   (b)△接对称负载   (c)人工中点法

图 1 - 45   一表法测量三相对称负载功率

②两表法

两表法适用于三相三线制,负载对称不对称均可,其接线如图 1 - 46 所示。

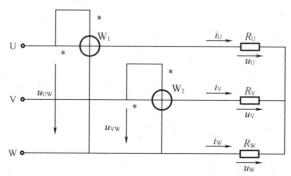

图 1 - 46   两表法测三相负载功率

在三相三线制电路中,由于 $i_U + i_V + i_W = 0$,所以,三相电路总瞬时功率 P 为

$$P = u_U i_U + u_V i_V + u_W i_W$$
$$= u_U i_U + u_V i_V - u_W (i_U + i_V)$$
$$= (u_U - u_W) i_U + (u_V - u_W) i_V$$
$$= u_{UW} i_U + u_{VW} i_V$$

可见,三相电路的有功功率就等于两功率表读数之和,即

$$P = P_1 + P_2 \tag{1-13}$$

需要指出的是,每只功率表的读数本身并没有其他物理意义,只有把两只功率表的读数加起来才是三相总功率。

在测量中,如遇到一只功率表的读数为负值(指针反拨),可将该功率表的极性开关换向或将该功率表电流线圈的两个端钮反接,这时该功率表的读数应视为负值,三相电路的总功率就等于两个功率表的读数之差。

采用两表法测量三相功率时,两只功率表的接线原则是:两只功率表的电流线圈串联接入任意两根端线中,"＊"端接到电源侧。两只功率表电压线圈支路的"＊"端接到各自电流线圈所在的端线上,并且将另一端共同接到没有接电流线圈的第三根端线上。

③三表法

三表法适用于三相四线制不对称负载,因为一表法和两表法在此均不适用,所以可用三只功率表分别测出三个相的有功功率。三只表的读数之和就是三相电路的总有功功率,即

$$P = P_1 + P_2 + P_3 \tag{1-14}$$

接线如图1-47所示。

(2)三相无功功率的测量

①一表跨相法

一表跨相法只适用于三相对称电路。

图1-48(a)所示是一表跨相法的接线图,接线原则是:将功率表的电流线圈串接在任一端线中,但电流线圈的"*"端必须接在电源侧。电压线圈应跨接在另外两根端线上,并且将它的"*"端按相序接在超前的一相上。

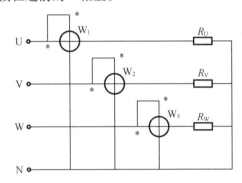

图1-47 三表法测三相四线制不对称负载功率

由图1-48(b)所示相量图可知,功率表的读数应为

$$P = U_{VW}I_U\cos(90° - \varphi) = UI\sin\varphi \tag{1-15}$$

式中 U——对称三相电路的线电压,V;

I——对称三相电路的线电流,A;

φ——对称星形负载的阻抗角,(°)。

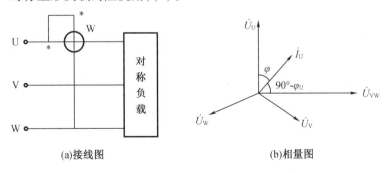

(a)接线图   (b)相量图

图1-48 一表跨相法的测量线路与相量图

由于三相对称电路的无功功率等于$\sqrt{3}UI\sin\varphi$,所以三相对称电路的无功功率应为功率

表读数的$\sqrt{3}$倍,即

$$Q = \sqrt{3}\,P$$

②两表跨相法

两表跨相法只适用于三相对称电路。

图1-49所示是两表跨相法的接线图。两只表都按一表跨相法原则接线,当三相电路对称时两只表读数相等,均为$UI\sin\varphi$,因此,两只表读数之和为

$$P = P_1 + P_2 = 2UI\sin\varphi$$

显然,将两表读数之和乘以$\dfrac{\sqrt{3}}{2}$,就是三相电路的无功功率Q,即

$$Q = \frac{\sqrt{3}}{2}(P_1 + P_2) \tag{1-16}$$

在实际测量中,多用两表跨相法而不用一表跨相法。这是因为当电源电压不完全对称时,它比一表跨相法误差小。目前可以采用求和法用数字智能化功率表直接显示三相功率。

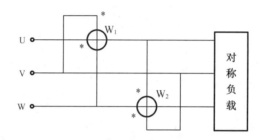

图1-49 两表跨相法的测量电路

③三表跨相法

三表跨相法适用于三相电源对称、负载对称或不对称的三相三线制和三相四线制电路。图1-50(a)所示是三表跨相法的接线图;图1-50(b)所示是三相对称星形电源电压和线电流的相量图。

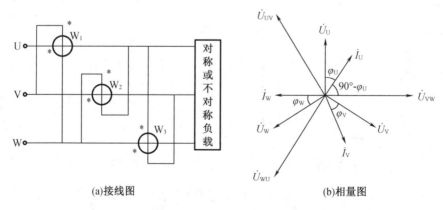

(a)接线图   (b)相量图

图1-50 三表跨相量的测量电路与相量图

由接线图和相量图可知,三只功率表的读数分别为

$$P_1 = U_{VW}I_U\cos(90° - \varphi_U) = \sqrt{3}\,U_U I_U \sin\varphi_U$$

$$P_2 = U_{WU}I_V\cos(90° - \varphi_V) = \sqrt{3}\,U_V I_V \sin\varphi_V$$

$$P_3 = U_{UV}I_W\cos(90° - \varphi_W) = \sqrt{3}\,U_W I_W \sin\varphi_W$$

三表读数之和为

$$P_1 + P_2 + P_3 = \sqrt{3}\left(U_U I_U \sin\varphi_U + U_V I_V \sin\varphi_V + U_W I_W \sin\varphi_W\right) = \sqrt{3}\,Q$$

显然,将三表读数之和乘以$\dfrac{\sqrt{3}}{3}$就是三相电路的无功功率Q,即

$$Q = \frac{\sqrt{3}}{3}(P_1 + P_2 + P_3) \tag{1-17}$$

任务 1.4　常用电工仪器的识别和测试

电工基础实验涉及一些常用的电工仪器,为正确、合理地使用,现做简要介绍。

1.4.1　电阻器

1.电阻器和电位器型号命名方法

电阻器和电位器型号以四个部分组成,各部分确切含义见表1-5。

表 1-5　电阻器和电位器型号命名方法

第一部分:主称		第二部分:材料		第三部分:特征分类			第四部分
符号	意义	符号	意义	符号	意义		
					电阻器	电位器	
R	电阻器 电位器	T	碳膜	1	普通	普通	序列号
		H	合成膜	2	普通	普通	
		S	有机实芯	3	超高频	—	
		N	无机实芯	4	高阻	高阻	
		J	金属膜	5	高温	高温	
		Y	氧化膜	7	精密	精密	
		C	沉积膜	8	高压	特种函数	
		I	玻璃釉膜	9	特殊	特殊	
		P	硼碳膜	G	高功率	—	
		U	硅碳膜	T	可调	—	
		X	线绕	W	—	微调	
		F	熔断	D	—	多圈	

2. 电阻器的主要参数及识别方法

（1）电阻器的主要参数

电阻器的主要参数有标称阻值及允许偏差、温度系数、额定功率。

①标称阻值

电阻器上所标明的阻值。

②允许偏差

电阻器的实际阻值对于标称阻值的最大允许偏差。标称阻值及允许偏差有一个系列，应符合表1-6所列数值。

表1-6　电阻值标称阻值系列及允许偏差（GB 2471—1981）

E24	E12	E6	E24	E12	E6	E24	E12	E6
允许偏差（±5%）	允许偏差（±10%）	允许偏差（±20%）	允许偏差（±5%）	允许偏差（±10%）	允许偏差（±20%）	允许偏差（±5%）	允许偏差（±10%）	允许偏差（±20%）
1.0	1.0	1.0	2.2	2.2	2.2	4.7	4.7	4.7
1.1	—	—	2.4	—	—	5.1	—	—
1.2	1.2	—	2.7	2.7	—	5.6	5.6	—
1.3	—	—	3.0	—	—	6.2	—	—
1.5	1.5	1.5	3.3	3.3	3.3	6.8	6.8	6.8
1.8	1.8	—	3.9	3.9	—	8.2	8.2	—
2.0	—	—	4.3	—	—	9.1	—	—

③温度系数

温度每变化1℃时，电阻值的相对变化量是温度系数。温度系数越大，电阻器的热稳定性越差。

④额定功率

电阻器长时间工作时允许消耗的最大功率是电阻的额定功率，见表1-7。

表1-7　电阻器额定功率系列　　　　　　（单位：W）

类别	额定功率系列
线绕电阻器	0.05,0.125,0.25,0.5,1,2,4,8,10,16,25,40,50,75,100,150,250,500
非线绕电阻器	0.05,0.125,0.25,0.5,1,2,5,10,25,50,100

（2）电阻器的识别

电阻器可由以下几种方法来识别。

①直标法

用阿拉伯数字和单位符号在电阻器表面直接标出阻值和允许偏差。如3.6 kΩ±5%。

②文字符号法

用阿拉伯数字和文字符号有规律的组合来表示标称阻值及允许误差。允许偏差的文字符号见表1-8。

表1-8　允许偏差的文字符号

文字符号	允许偏差/%	文字符号	允许偏差/%	文字符号	允许偏差/%
B	±0.1	F	±1	K	±10
C	±0.25	G	±2	M	±20
D	±0.5	J	±5	N	±30

例：1R5K 表示 1.5(1±10%)Ω

2K7F 表示 2.7(1±1%)kΩ

③色标法

用不同颜色的色带或色点在电阻器表面标出标称值和允许偏差，如图1-51所示的四环色环电阻，前两条色环表示标称阻值的有效数字，第三条色环表示标称阻值后面"0"的个数，第四条色环则表示允许偏差值。另有五环的色环电阻，则前三位表示标称阻值，第四位表示"0"的个数，第五位表示允许偏差。色带所示的标称阻值及允许偏差见表1-9。

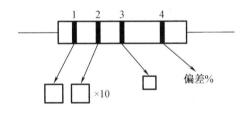

图1-51　色环电阻

表1-9　标称阻值及允许偏差的色标

颜色	有效数字	倍率	允许偏差/%
棕	1	10^1	±1
红	2	10^2	±2
橙	3	10^3	—
黄	4	10^4	—
绿	5	10^5	±0.5
蓝	6	10^6	±0.25

表 1 - 9（续）

颜色	有效数字	倍率	允许偏差/%
紫	7	10^7	±0.1
灰	8	10^8	—
白	9	10^9	—
黑	0	10^0	—
金	—	10^{-1}	±5
银	—	10^{-2}	±10
无	—	—	±20

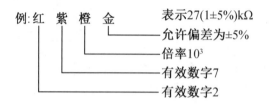

例：红 紫 橙 金　　　　表示27(1±5%)kΩ

允许偏差为±5%

倍率10^3

有效数字7

有效数字2

3. 电阻器的测试

在电工学实验中，一般用万用表测电阻器的阻值。

（1）检查电池

将万用表挡位旋钮置于测电阻的 Ω×1 挡，短接两表笔，观察万用表指针是否到零位，如不到位，可调整调零旋钮；如可调性太差，说明电池电压不足，应更换电池。

（2）选择倍率挡

测电阻值时，选择合适的倍率，尽可能让指针显示在表的中间部分。如太偏，可以改变倍率挡。

（3）测电阻值

用万用表的两表笔接触电阻器的引线，在表上读出数值，测量时应注意，切不可用双手分别捏住两表笔与电阻引线的接触点，因为这样测量，相当于把人体电阻并联到电阻器上，尤其是在测高电阻时，会引起很大的测量误差。

1.4.2　电容器

1. 电容器型号命名方法

电容器型号的命名由四个部分组成，各部分含义见表 1 - 10。

表 1−10　电容器型号命名法

第一部分		第二部分		第三部分		第四部分
用字母表示主称		用字母表示材料		用数字表示分类		用数字表示序号
符号	意义	符号	意义	符号	意义	符号
C	电容器	C	高频瓷	1	图片（瓷介）	用数字表示序号,以区别电容器的外形尺寸及性能指标
		T	低频瓷		非密封（云母）	
		I	玻璃釉		箔式（电解）	
		O	玻璃膜	2	管型（瓷介）	
		Y	云母		非密封（云母）	
		V	云母纸		箔式（电解）	
		Z	纸介	3	叠片式（瓷片）	
		J	金属化纸		密封（云母）	
		B	聚苯乙烯		烧结粉固体（电解）	
		L	涤纶			
		Q	漆膜	4	密封（云母）	
		H	复合介质		烧结粉固体（电解）	
		D	铝电解	5	穿心式（瓷介）	
		A	钽电解	6	支柱式（瓷介）	
		N	铌电解	7	无极性（电解）	
		G	合金电解	8	高压	
		E	其他材料电解	9	高功率	

2.电容器的主要参数及识别方法

（1）电容器的主要参数

电容器的主要参数有标称容量及允许误差、额定工作电压、绝缘电阻。

①标称容量

电容器上所标注的电容量值。

②允许误差

电容器的实际容量对于标称容量的最大允许误差。电容器的标称容量及允许误差也有一个系列,应符合表 1−11 所列数值。

③额定工作电压

电容器长时间工作时允许加的最高直流电压。如电容器工作在交流电路中,则交流电压的峰值不得超过额定工作电压。

④绝缘电阻

电容器两极间的电阻,也称漏电阻,表明电容器漏电的大小。

表 1-11 电容器的标称容量系列

允许偏差	±5%	±10%	±20%
容量范围	100 pF ~ 1 μF	1 ~ 100 μF	
标	1.0	1	20
称	3.3	2	30
容	1.5	4	50
量	4.7	6	60
系	2.2	8	80
列	6.8	10	100
		15	—

（2）电容器的识别

①直标法

用阿拉伯数字和文字符号在电容器表面直接标出电容量值和允许偏差。标注时，遵循如下规则：

有些电容直接标出数字和单位，例如，3 300 nF，其容量为 3 300 × 10^{-9} F（即 3.3 μF）；凡不带小数点的整数，若无标注单位，则表示 pF，例如，2 200 表示 2 200 pF；

凡带小数点的数值，若无标注单位，则表示 μF，例如，0.56 表示 0.56 μF；许多小型固定电容器，其耐压均在 100 V 以上，由于体积小，一般不标注。

②色标法

用不同颜色的色带或色点在电容器表面标出标称容量和允许偏差。原则上同电阻器的色标法，单位为 pF。

③文字符号法

用阿拉伯数字和文字符号有规律的组合来表示标称容量和允许误差。组合示例见表 1-12。

表 1-12 电容器文字符号及其组合示例

标称容量	文字符号	标称容量	文字符号	标称容量	文字符号
0.1 pF	p1	10 pF	10p	0.47 μF	470n
1 pF	1p	3 300 pF	3n3	4.7 μF	4μ7
4.7 pF	4p7	47 000 pF	47n	4 700 μF	4m7

④三位数码表示法

用三位数字表示电容量的大小，前两位表示有效数字，而第三位则表示在前面的两位数之后再添上"0"的个数。第三位一般在 0~5 之间，若数字为 8 则表示乘以 0.01；为 9 则表示乘以 0.1。该表示法往往用于瓷片电容，单位是 pF，并且还带有表示偏差的字母 K（±10%）和 J（±5%）。例如，标有 103K 的电容大小为：10 000 pF（±10%），即 0.01 μF。

（3）电容器的测试

在电工学实验中，一般也用万用表定性检查电容器的质量。

①一般电容的检测

ⓐ小电容器的检测　0.01 μF 以下的固定电容器容量太小，只能用万用表定性检查其是否有漏电、短路或击穿现象。可选用万用表 Ω×10 k 挡，用两表笔分别任意接电容器的两个引线，阻抗应为无穷大。

ⓑ0.01 μF 以上电容器的检测。先用万用表的两表笔任意接触电容的两引线，然后迅速调换表笔，再接触一次，如果电容是好的，万用表指针会向右摆动一下，随即向左迅速返回无穷大位置，电容量越大，指针摆动幅度越大。如果万用表指针不向右摆动，说明容量已降低或已消失。如果指针向右摆后再也无法向左回到无穷大位置，说明电容漏电或已经击穿短路。

②电解电容器的检测

ⓐ正确选用万用表电阻挡。1～47 μF 间的电解电容，可用 Ω×1 挡测量，大于 47 μF 的电容，可用 Ω×100 挡测量。

ⓑ万用表红表笔接电解电容负极，黑表笔接正极，万用表指针立即向右偏转一定幅度，接着逐渐向左偏转，直到停止在某一位置上，此值便是电解电容的正向漏电阻。此值越大，说明漏电流越小，电容性能越好，电容量也越大。如果在测试中，表的指针不动，说明容量已消失或内部断路；如测得正向涡电阻很小或为零，说明电容漏电流大或已击穿短路。

1.4.3　电感器

凡是应用电磁感应原理制成、用在电路中进行电与磁转换作用的器件统称电感器。

电感器分为两大类：一类主要是应用"自感"作用的电感线圈，另一类则主要是应用"互感"作用的变压器。

1. 电感线圈的种类和作用

电感线圈的种类很多，而且分类方法也不一样。按电感线圈的形式分，有固定电感线圈、可变电感线圈、微调电感线圈。按磁体的性质分，有空心线圈、磁心线圈。按结构特点分有单层线圈、多层线圈等。

各种电感线圈都具有不同的特点和用途。但它们都是用漆包线、纱包线或镀银裸铜线，绕在绝缘骨架、铁芯或磁心上构成，而且每圈与每圈之间要彼此绝缘。

在交流电路中，电感线圈有阻碍交流电流通过的作用，而对稳定的直流电流不起作用（除线圈本身的直流电阻外）。所以电感线圈可以在交流电路中作阻流、降压、交链、负载之用。当电感线圈和电容器配合时，可作调谐、滤波、选频、分频、去耦等作用。

2. 电感线圈的主要特性参数

（1）电感量 L

电感量 L 表示线圈本身固有特性，与电流大小无关。除专门的电感线圈（色码电感）外，电感量一般不专门标注在线圈上，而以特定的名称标注。

（2）感抗 X_L

电感线圈对交流电流阻碍作用的大小称感抗，单位是欧姆。它与电感量 L 和交流电频率 f 的关系为 $X_L = 2\pi f L$。

（3）品质因数 Q

品质因数 Q 是表示线圈质量的一个物理量。Q 为感抗 X_L 与其等效的电阻的比值，即 $Q = \dfrac{X_L}{R}$。线圈的 Q 值越高，回路的损耗越小。Q 值与导线的直流电阻、骨架的介质损耗、屏蔽罩或铁芯引起的损耗、高频趋肤效应的影响有关。Q 值通常为几十到几百。

3. 用万用表测量电感线圈

用万用表的欧姆 $R \times 10$ 或 $R \times 1$ 挡，测量电感线圈的阻值。若为无穷大，则表明电感线圈已断路。若电阻很小，则表明电感线圈正常。若要测量电感线圈的电感量等值，就要用专用的电子仪器。

4. 变压器

变压器是利用两个或两个以上绕组间的"电磁互感"作用，来传送电能或电信号的电气设备或器件。它的基本结构由一次绕组、二次绕组、骨架、铁芯等组成。一次绕组与电源相连或接在前级电路的输出部分，二次绕组接负载或接在后级电路的输入部分。图 1-52 是部分变压器的外形图。

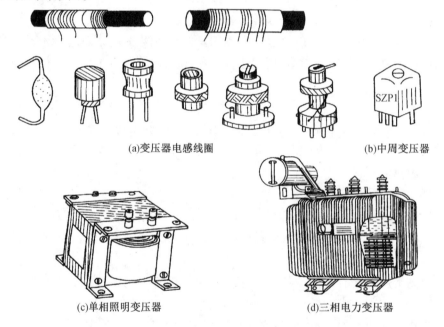

(a)变压器电感线圈　　　　　　　　　　　(b)中周变压器

(c)单相照明变压器　　　　　　　　(d)三相电力变压器

图 1-52　部分变压器的外形图

（1）变压器的用途

变压器的主要作用是变压。在电力系统中，输送同样功率的电能，电压越高，电流就越小，输电线路上的功率损耗也就越小。另外，输电线的截面积也可以减小，这样就可减小导线的金属用量。因此，发电厂都用电力变压器将电压升高，再把电能送往远处的用电地区。输电距离越远，电压也应越高。将电能输送到用电地区后，又必须经变压器将电压降到各种用电设备的额定电压，以方便使用。

此外，在各种交流电路中，还用变压器来改变电流、阻抗和相位，用作功率传输、级间耦合和信号反馈等，变压器的用途非常广泛。

（2）变压器的分类

变压器的种类很多,可以按用途、相数、铁芯结构等多种方式进行分类。

①按用途分类

ⓐ电力变压器。电力变压器用在输、配电系统,容量从几十千伏安到几十万千伏安,采用的电压等级有 10 kV、35 kV、110 kV、220 kV、330 kV 和 500 kV 等多种。

ⓑ特殊用途变压器。在工业生产等实际工作中,经常要用到一些特殊用途的变压器,如电焊变压器、整流变压器、自耦调压器、多绕组变压器和电炉变压器等。

ⓒ仪用互感器。电力系统中,测量大电流和高电压时,需要用电流互感器和电压互感器来扩大交流仪表的量程和确保测量安全。

ⓓ控制变压器。在电子电路和自动控制系统中,常要用到中、小功率的电源变压器和控制变压器及信号传输的中周变压器等。

ⓔ调压变压器。输出电压可以根据需要进行调节的自耦调压变压器等。

②按相数分类

可以分为单相、三相和多相变压器。

③按铁芯结构分类

可以分为铁芯式和铁壳式变压器。

④按冷却方式分类

可以分为油浸风冷变压器、油浸水冷变压器、干式变压器和充气式变压器等多种形式。

⑤按绕组数分类

可以分为双绕组变压器、自耦变压器、三绕组变压器、多绕组变压器等。

（3）变压器的型号、铭牌参数选用

在选用变压器时,应考虑到用途、技术参数等因素,能看懂变压器的铭牌和型号是否与所选取的一致。小型变压器往往是简易铭牌,只标出功率、电压和电流。使用时,需要查阅有关的说明书或手册。图 1－53 是某台电力变压器的铭牌示意图。

电力变压器:	

电力变压器:
产品型号:S7-1000/10
标准代号:GB6451.186
额定容量:1 000 kV·A
产品代号:1GB.710.3408.1
额定频率:50 Hz,三相
额定电压10 000±5%/400 V
联接组标号:Y,yn0
冷却方式:油浸自冷
使用条件:户外
阻抗电压:4.5%
出厂日期:2002.10

开关位置	高压 V	高压 A	低压 V	低压 A
Ⅰ	10 500			
Ⅱ	10 000	57.7	400	1 443
Ⅲ	9 500			

油重:715 kg　　总重:3 440 kg

生产厂:广州高压电器厂

图 1－53　变压器的铭牌

①变压器的型号

变压器的型号是用多位汉语拼音和数字组成,各代表意义如下所示:

$$\boxed{1}\ 2\ \boxed{3}\ 4\ 5\ \boxed{6}\ 7\ 8\ ——\ \boxed{9}/\boxed{10}\ 11$$

1——绕组耦合方式:一般不标;O 表示自耦。

2——相数:D 表示单相;S 表示三相。

3——冷却方式:J 表示油浸自冷,也可不标;F 表示油浸风冷;S 表示油浸水冷;G 表示干式浸渍空气制冷;C 表示环氧树脂干式浇注绝缘。

4——循环方式:N 表示自然循环,也可不标;P 表示强迫循环。

5——绕组数:双绕组一般不标;S 表示三绕组;F 表示双分裂绕组。

6——导线材料:铜线不标;L 表示铝线。

7——调压方式:无励磁调压不标;Z 表示有载调压。

8——设计序号:1,2,3…,半铜半铝加 b。

9——额定容量:单位 kV·A。

10——高压绕组额定电压等级:kV。

11——防护代号:一般不标,TH 表示湿热;TA 表示干热。

例如:SFP-6300/35,表示三相强迫油循环风冷铜线绕组,额定容量为 6 300 kV·A,高压绕组额定电压为 35 kV 的电力变压器。

SC8-630/10,表示三相环氧树脂浇注干式绝缘,低压绕组设计序号为 8,额定容量为 630 kV·A,高压绕组额定电压为 10 kV 的电力变压器。

S9-315/10,表示油浸自冷式,铜线绕组,设计序号为 9,额定容量为 315 kV·A,高压绕组额定电压为 10 kV 的电力变压器。

②变压器的铭牌参数

ⓐ额定容量 S_N:变压器的额定容量是指在额定工作条件下,变压器输出的额定视在功率,常以千伏安(kV·A)为单位。在单相变压器中,如忽略空载电流 I_0,则 $S_N = U_{2N}I_{2N} \approx U_{1N}I_{1N}$。而在三相变压器中,则有 $S_N = \sqrt{3} U_{2N}I_{2N}$。

电力变压器容量等级为:10 kV·A、20 kV·A、30 kV·A、40 kV·A、50 kV·A、63 kV·A、80 kV·A、100 kV·A、……、1 000 kV·A、10 000 kV·A 等。

ⓑ额定电压 U_{1N} 和 U_{2N}:一次绕组额定电压 U_{1N} 是指变压器一次绕组上应加的电源电压或输入电压,二次绕组的额定电压 U_{2N} 是指变压器一次绕组加上额定电压时二次绕组的空载电压(U_{20})。在三相变压器铭牌上给出的额定电压 U_{1N} 和 U_{2N} 均为线电压。

ⓒ额定电流 I_{1N} 和 I_{2N}:额定电流 I_{1N} 和 I_{2N} 指在额定容量及额定电压时,一次绕组和二次绕组的允许载流量。

ⓓ额定频率 f:我国规定额定频率统一为 50 Hz。

此外,变压器的额定参数还有效率、温升、连接组别和冷却方式等,使用时可查阅有关手册。

③配电变压器的选用

配电变压器大多数是 SJ 型,即三相双绕组油浸自冷式电力变压器。高压侧额定电压为 6 kV 或 10 kV,低压侧额定电压为 400 V。

选用变压器最重要的就是容量,要选择适当和留有余地。如果选小了,会使变压器经常过载,负载端电压过低,影响负载正常工作或使电动机不能正常启动,直接影响到变压器的寿命甚至烧毁。如果选择过大,变压器得不到充分利用,效率和功率因数低,无功损耗增大。因此,在选择变压器时,要有合理的供电方案和供电范围,要调查用电负荷,要满足电动机负载直接启动的要求。

变压器其他方面的选择,要根据具体的不同情况而定。

(4)特殊变压器

①自耦变压器

自耦变压器是利用自耦合原理制成的变压设备,它只有一个绕组,一次侧和二次侧有一部分是公用的,即高压绕组的一部分兼作低压绕组。和普通变压器一样,自耦变压器的一、二次电压比仍等于一、二次绕组的匝数比。自耦变压器常做成可调式的,它有一个环形的铁芯,线圈就绕在这个环形的铁芯上。自耦变压器的中间触点制成了活动电刷触点,当调整移动触点位置时就可平滑地调节输出电压。所以也常把自耦变压器叫作自耦调压器。它的外形和原理如图1-54所示。自耦变压器也分单相和三相两种,可作为电力变压器和实验室电气实验的常用设备。

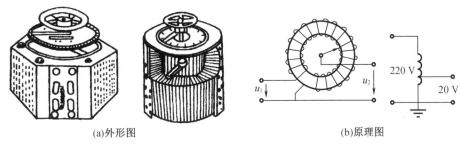

(a)外形图　　　　　　　　　　　　(b)原理图

图1-54　单相自耦调压器

但是,由于自耦调压器的一、二次侧之间有电的直接联系,所以不能将其作为安全电源变压器使用。这是因为在使用中,如果把相线和中线接错,如图1-55所示,此时二次侧输出的电压虽然仍保持不变,但输出端对地的电压却是比较高的,容易造成触电。所以,安全变压器一定要采用一、二次侧无直接联系的双绕组变压器。

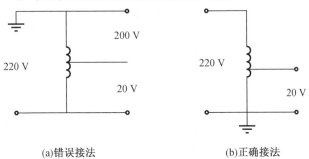

(a)错误接法　　　　　　　　　(b)正确接法

图1-55　单相自耦调压器的接法

②整流变压器

整流变压器是整流设备专用的电源变压器。整流变压器与普通变压器相比较其工作情况和结构有如下特点:

a.变压器中的电流波形不是正弦波,而是断续的近似矩形波,所以整流变压器各相一、二次绕组中的电流均不是正弦波,这就增加了变压器的涡流损耗,其效率比普通变压器低。

ⓑ结构坚固,机械强度高。在电化学等行业中,需要低电压大电流,整流变压器的线圈必须承受较大的电动力,因而其结构比电力变压器坚固,机械强度高。

ⓒ整流变压器的容量和输出容量的关系与电力变压器不同。因为整流变压器工作时二次绕组始终通过一直流电流,使变压器铁芯更趋于饱和,引起一次绕组中激磁电流的增加,因此变压器的绕组计算容量要比输出容量大得多,变压器的利用系数低。

ⓓ采用多相结构的变压器。为了获得较好的整流电压波形和更大的整流电流,在大容量变压器中采用6相、12相和多种连接形式的整流变压器。

③多绕组变压器

在电子设备与生产机械的控制设备中,常用一台变压器供给几种不同的交流电压。这就要用到多绕组变压器。它的容量一般都比较小,只有几十到几百伏安。

多绕组变压器有一个一次绕组,有两个或两个以上的二次绕组,如图1-56所示。在变压器的一次侧接上电源后,二次侧能输出几种不同的电压,其电压比为

$$U_1/U_2 \approx W_1/W_2 \quad U_1/U_3 \approx W_1/W_3 \quad \cdots\cdots$$

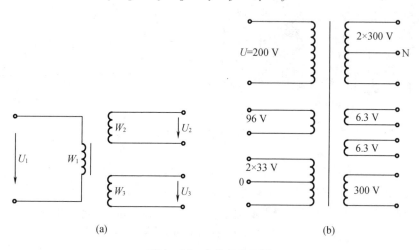

图1-56 多绕组变压器

图1-56(b)所示的多绕组变压器的二次绕组,有的在中间抽头出来作为公共端N,这可得到大小相等但相位差180°的两种交流电压。

有些多绕组变压器,为了提高电压,绕组需串联起来;为了增大供应负载电流的能力,绕组需并联起来。在电子电路中,由于有相位的要求,故须判断变压器各绕组的极性。这些都需要做变压器的极性实验,实验电路如图1-57所示。

如图1-57(a),将需要判断极性的两个绕组任取一端先连接起来,例如连接W_2的“2”端与W_3的“3”端,然后在绕组W_1两端加上低电压(用自耦调压器供给),用电压表分别测量U_{1-2}、U_{3-4}与U_{1-4}。当U_{1-4}等于U_{1-2}与U_{3-4}之和时,则“1”端与“3”端为同极性端。这时绕组W_2中的电动势方向与绕组W_3电动势是异极性串联的。那么“2”端与“3”端可连接在一起,取“1”端与“4”端之间的电压对负载供电,U_{1-4}就为U_{1-2}与U_{3-4}之和。如果$U_{1-2}=U_{3-4}$,则将“1”端与“3”端连接起来,“2”端与“4”端连接起来(“2”端与“4”端是同极性端),便成为并联的形式。又如将“2”端与“3”端连接起来后,测得U_{1-4}为U_{1-2}与U_{3-4}之差,则

"2"端与"3"端为同极性端,"1"端与"4"端也为同极性端。

在图1-57(b)中,若U_{1-4}等于U_{1-2}与U_{3-4}之差,则"2"端与"3"端为同极性端,"1"端与"4"端也为同极性端。

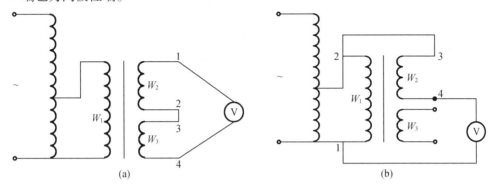

图1-57 变压器的极性测试

任务1.5 认识实验

1.5.1 实验目的

1. 熟悉实验室概况。
2. 熟悉实验系统的配置情况。
3. 练习使用电压表和电流表。
4. 练习使用万用表。

1.5.2 实验电路与工作原理

1. 实验系统配置

(1)交、直流电源

①三相可调交流电源,电动调节。具有触电及过载保护,确保人身安全。

②单相可调交流电源。

③各挡交流电源,包括36 V、24 V、12 V、9 V及6.3 V五挡电源。

④直流可调电源(高电压0~220 V)。

⑤直流稳压电源(0~24 V、3 A)。

⑥直流稳流电源(0~200 mA)。

⑦各挡直流电源,包括±24 V、±15 V、±12 V及±5 V八挡电源。

(2)信号源

包括正弦波、方波、三角波、锯齿波、脉冲波及脉冲列等波形。

(3)测量仪表

①网络型、智能型多量程仪表:包括直流电压表、直流电流表、交流电压表、交流电

流表。

②数字交流电压表、电流表。

③数字直流电压表、电流表。

④高精度(1.0级)指针式电表(有过载保护、交流为真有效值):包括交、直流电压表(100 mV、1.0 V、10 V)和交、直流电流表(10 μA、1 mA、100 mA)。

⑤交流功率表、功率因数表。

⑥单相电度表。

⑦频率计。

2.电压表和电流表的使用

图1-58为一个简单的串联电路。

(1)使用电流表测电流时应将表串联在被测电路中(串入图1-58中的 A、B 两点间);使用电压表测电压时应将电压表并联在被测电路中(并联在图1-58中的 B、C 两点间)。如果误将电流表并联在被测电路两端,则常常因为电流表的内阻很小、短路电流很大而损坏仪表和其他设备。

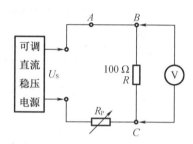

图1-58 电压、电流的测量

单向偏转的直流电流表和电压表,连接时应保证电流从仪表的正极端钮流入,从负极端钮流出。

当不知电路中实际的电位高低时,采用瞬时点测一下,验证即可。

(2)要选择合适的量程。量程过大,指针偏转小,测量误差大;量程过小,指针偏转超过满刻度,无法读数,甚至会损坏仪表。当未知实际值大小时,应先选大量程试测,确定实际值的范围后,选择合适的量程。一般指针偏转满量程的 1/2~2/3 最佳。

(3)正确读数。让视线垂直标尺平面,保证眼、针、标尺成一直线时读数。读数时首先要明白量程与刻度的关系。

3.万用表的使用

万用表是重要测量仪表之一,主要测量直流电压、直流电流、交流电压、交流电流、直流电阻等。

使用时注意事项:

(1)要选择正确的挡位,选择合适的量程。

(2)注意"+""-"极性。

(3)对于模拟式万用表,要认清刻度线。大多数万用表标尺平面自上而下第一条刻度是欧姆刻度线;第三条是交流电压,量程为 10 V 的专用刻度线;第二条是其他量程交、直流电压、电流的共用刻度线。

(4)对于模拟式万用表,用完后将转换开关置于交流电压最高挡或空挡上。对于数字式万用表,用完后关闭电源开关。

(5)使用万用表测量电阻时,应将电阻从电路中断开,不可以带电测量。

1.5.3 实验设备

1.可调稳压电源(0~30 V、0~2 A)、多量程电流表、数字电压表。

2.100 Ω 线性电阻(R_1 单元)、1 kΩ 电位器（RP_1 单元）。

3.万用表。

1.5.4 实验内容与实验步骤

1.熟悉实验室及电源情况。

2.练习使用电压表和电流表。

3.熟悉电压表和电流表面板及使用方法。

（1）按图 1 – 58 电路连线，调节直流稳压电源值为 10 V，调节电位器至合适位置，用直流电压表、电流表测量电阻 R 两端的电压和流过的电流。

（2）调节直流稳压电源值分别为 15 V、20 V，再分别测量电阻 R 两端的电压和流过的电流。

注意：实验前粗略地计算电阻所消耗的功率，不得超过电阻的额定功率，以避免烧坏电阻。

4.练习使用万用表

（1）图 1 – 58 电路中，调节电位器的旋钮，用万用表欧姆挡调节其阻值为 100 Ω（断开电路时），调节直流稳压电源值为 20 V，测量电阻 R 两端的电压和流过的电流。

（2）调节电位器的阻值分别为 300 Ω、500 Ω（断开电路时），直流稳压电源值仍为 20 V，分别测量电阻 R 两端的电压和流过的电流。

表 1 – 13　电压、电流、电阻的测量

$U_S = 20$ V，$R = 100$ Ω

R_L/Ω	100	300	500
U_R/V			
I_R/A			

1.5.5 实验注意事项

1.测量时，可调稳压电源的输出电压由 0 V 缓慢逐渐增加，应时刻注意电压表和电流表，及时更换表的量程，勿使仪表超量程。

2.稳压电源输出端切勿碰线短路。

3.测量电阻时，一定要将电阻从电路中断开。

1.5.6 实验报告要求

1.列表记录全部实验数据。

2.记录实验中出现的问题，并分析产生问题的原因。

3.将实测值与计算值进行比较，若有误差，分析其中原因。

模块 2　直 流 电 路

任务 2.1　伏安特性的研究

2.1.1　实验目的

1. 掌握对电路元件伏安特性的测定方法。
2. 掌握实验曲线的绘制方法。

2.1.2　实验电路与工作原理

实验电路如图 2 - 1 所示。图 2 - 1(a)为电阻类元件测试电路;图 2 - 1(b)为电子类元件测试电路,为了防止电子元件电流过大,在电路中串接了一个 200 Ω 的电阻。

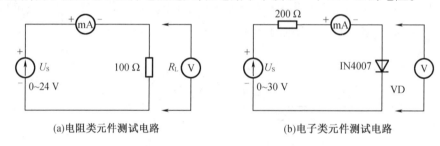

(a)电阻类元件测试电路　　　　　　　　(b)电子类元件测试电路

图 2 - 1　元件伏安特性测试电路

2.1.3　实验设备

1. 可调稳压电源(0 ~ 30 V、0 ~ 2 A)、多量程电流表、数字电压表。
2. 线性电阻:100 Ω(R_1 单元)、200 Ω(R_1 单元);
　白炽灯:24 V、15 W(HL_1 单元);
　二极管:1N4007(VD 单元);
　稳压管:1N4733(VS 单元)。
3. 万用表。

2.1.4　实验内容与实验步骤

1. 测定线性电阻的伏安特性

按图 2 - 1(a)接线,图中的电源 U_s 选用可调稳压电源,通过直流数字毫安表与 100 Ω 线性电阻相连,电阻两端的电压用直流数字电压表测量。(采用数字电压表的原因,是其输入阻抗很高,可达 10 MΩ,取用电流较小,对被测电路影响极小。)

调节可调稳压电源的输出电压 U_s 从 0 V 开始缓慢地增加(不能超过 10 V),在表 2 - 1 中记下相应的电压表和电流表的读数。

表 2 - 1 线性电阻伏安特性数据

U/V	0	2.0	4.0	6.0	8.0	10
I/mA						

2. 测定 24 V 白炽灯的伏安特性

将图 2 - 1(a)中的 100 Ω 线性电阻换成一只 24 V、15 W 的灯泡,重复"1."的步骤,电压从 0 ~ 24 V,分 7 挡进行测量与实验,并记录下实验时的室温 t。

表 2 - 2 白炽灯伏安特性数据(24 V、15 W)

$t =$ _____ ℃

U/V	1.0	2.0	4.0	8.0	12	16	20
I/mA							

3. 测定半导体二极管的伏安特性

(1)按图 2 - 1(b)接线,R 为限流电阻,阻值为 200 Ω,二极管 VD 的型号为 1N4007。测二极管的正向特性时,其正向电流不得超过 25 mA,二极管 VD 的正向压降可在 0 ~ 0.75 V 之间取值。特别是在 0.5 ~ 0.75 间多取几个测量点,将数据记入表 2 - 3 中。

表 2 - 3 二极管正向特性实验数据

U/V	0	0.20	0.40	0.45	0.50	0.55	0.60	0.65	0.70	0.75
I/mA										

(2)测反向特性时,将可调稳压电源的输出端正、负连线互换,调节可调稳压电源的输出电压 U_s,从 0 V 开始缓慢地增加(不能超过 - 30 V),将数据记入表 2 - 4 中。

表 2 - 4 二极管反向特性实验数据

U/V	0	- 5.0	- 10	- 15	- 20	- 24
I/mA						

4. 测定稳压管的伏安特性

将图 2 - 1(b)中的二极管换成稳压管 1N4733(5.1 V),重复实验内容"3."的测量,其正、反向电流不得超过 ±20 mA,将数据分别记入表 2 - 5 和表 2 - 6 中。

表 2 - 5 稳压管正向特性实验数据

U/V	0	0.20	0.40	0.45	0.50	0.55	0.60	0.65	0.70	0.75
I/mA										

表 2 - 6 稳压管反向特性实验数据

I/mA	0	0.1	0.5	1.0	2.0	3.0	5.0	10	15
U/V									

2.1.5 实验注意事项

1. 测量时,可调稳压电源的输出电压由 0 V 缓慢逐渐增加,应时刻注意电压表和电流表,不超过规定值。

2. 稳压电源输出端切勿碰线短路。

3. 测量中,随时注意电流表读数,及时更换电流表量程,勿使仪表超量程。

2.1.6 实验报告要求

1. 列表记录全部实验数据。

2. 根据实验数据,分别在坐标纸上绘制出各个元件(线性电阻、白炽灯、二极管、稳压管)的伏安特性曲线。

实验曲线的绘制,要注意纵、横坐标每格量值的选择,以使曲线展现匀称。数据点图形通常采用"×"形符号,"×"的中心对应实验数据点,也可采用"○"形符号,"○"的圆心对应实验数据点。要将数据点用曲线板画成平滑曲线(不可画成折线),在画曲线(包括直线)时,要剔除奇异数据点(通常是因疏忽误差而形成的)并使曲线(包括直线)在各数据点的中间或附近通过。

任务 2.2　电位、电压的测定及电路电位图的绘制

2.2.1 实验目的

1. 学会测量电路中各点电位和电路电压的方法,理解电位的相对性和电压的绝对性。

2. 学会电路电位图的测量与绘制方法。

2.2.2 实验电路和工作原理

实验电路如图 2-2 所示。

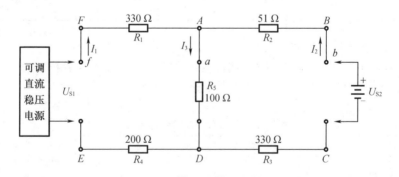

图 2-2　电位、电压的测定电路图

在一个确定的闭合电路中,各点电位的大小视所选的电位参考点的不同而异,但任意两点之间的电压(即两点之间的电位差)则是不变的,这一性质称为电位的相对性和电压的绝对性。据此性质,我们可用一只电压表来测量出电路中各点的电位及任意两点间的电

压。若以电路中的电位值作纵坐标,电路中各点位置(电阻或电源)作横坐标,将测量到的各点电位在该坐标平面中标出,并把标出点按顺序用直线相连接,就可得到电路中的电位图,每段直线即表示该两点电位的变化情况。而且,任意两点的电位变化,即为该两点之间的电压。在电路中,电位参考点可任意选定,对于不同的参考点,所给出的电位图形不同,但其各点电位变化的规律却是一样的。

2.2.3 实验设备

1. 可调直流稳压电源(电压调至 15 V)、输出 12 V 的直流稳压电源、数字电压表、多量程电流表。
2. 线性电阻:330 Ω(2 个)、51 Ω、200 Ω、100 Ω(R_1、R_2、R_3 单元)。
3. 万用表。

2.2.4 实验内容与实验步骤

1. 按图 2 - 2 电路接线,将 15 V 电源 U_{S1} 接于 F、E 两端,将 12 V 电源 U_{S2} 接于 B、C 两端,将 R_5(100 Ω)接于 A、D 两端。
2. 以 A 点作为参考点(电位零点),用数字电压表测定 A、B、C、D、E、F 各点的电位,并同时测定 AB、BC、CD、DE、EF、FA 间的电压,记入表 2 - 7 中。

表 2 - 7　电路中各点电位和电路电压数据

电位参考点	电位						电压					
	V_A	V_B	V_C	V_D	V_E	V_F	U_{AB}	U_{BC}	U_{CD}	U_{DE}	U_{EF}	U_{FA}
A	0											
D				0								

3. 以 D 点作为参考点,重复上述实验。

2.2.5 实验注意事项

1. 对可调稳压电源,要先调整到预定值,关断总电源后,再进行接线。
2. 接线遵循"先串后并"的顺序进行。完成接线后,一定要仔细检查。有时检查线路比接线更麻烦,查线的顺序也是先查一条完整回路,然后逐步检查相关并联支路。
3. 测量电位,通常以黑表笔插入参考点,以红表笔测量各点电位,数字电压表会显示出正、负号,但指针式电压表则要把表笔互换一下来读数。

2.2.6 实验报告要求

1. 根据实验数据,分别绘制出以 A 和 D 为参考点的二个电位图。
电位图横轴为以 A、B、……、E、F 为顺序的等分坐标,纵轴为电位的正负数值。然后将各点电位值用直线连接起来。
2. 根据各点的电位值,计算出各相邻两点之间的电压值(电位差),与实验测得的数据相比较,分析产生误差的原因。

任务 2.3　多量程电压表、电流表的设计、配置与整定

2.3.1　实验目的

1. 熟练掌握欧姆定律的应用。

2. 掌握直流电压表、电流表扩展量程的原理和设计方法。

3. 学会校验仪表的方法。

2.3.2　实验电路与工作原理

多量程电压表或电流表由表头和测量电路组成。表头通常选用磁电式仪表,其满量程和内阻用 I_m 和 R_0 表示,本实验中电流表 $I_m = 100\ \mu A$,$R_0 = 200\ \Omega$。

多量程(如 1 V、10 V)电压表的测量电路如图 2-3 所示,图中 R_1、R_2 称为分压电阻,它们的阻值与表头参数应满足下列方程:

$$I_m(R_0 + R_1) = 1\ V$$
$$I_m(R_0 + R_1 + R_2) = 10\ V$$

多量程(如 10 mA、100 mA、500 mA)电流表的测量电路如图 2-4 所示,图中 R_3、R_4、R_5 称为分流电阻。

它们的大小与表头参数应满足下列方程:

①10 mA 挡:

$$R_0 I_m = (R_3 + R_4 + R_5) \times (10 \times 10^{-3} - I_m) \tag{2-1}$$
$$(R_3、R_4、R_5\ 串联后与表头并联)$$

②100 mA 挡:

$$(R_0 + R_3)I_m = (R_4 + R_5) \times (100 \times 10^{-3} - I_m) \tag{2-2}$$
$$(R_4、R_5\ 串联后与表头加\ R_3\ 并联)$$

③500 mA 挡:

$$(R_0 + R_3 + R_4)I_m = R_5 \times (500 \times 10^{-3} - I_m) \tag{2-3}$$
$$(R_5\ 与表头加\ R_3、R_4\ 并联)$$

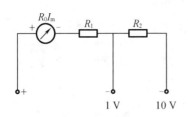

图 2-3　多量程电压表

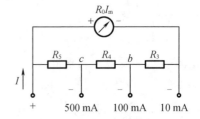

图 2-4　多量程电流表

当表头参数(满程电流 I_m 和内阻 R_0)确定后,可根据上列方程组,逐一计算出分压电阻 R_1、R_2 和分流电阻 R_3、R_4 和 R_5。

在工业生产中,通常将磁电式表头,校正成电压为 75 mV 的表头,这样便于配置分流器(分流器产品的两端电压统一规定为 75 mV),满程电流有 50 μA、100 μA……等。若表头两

端电压为 75 mV,满量程电流为 100 μA,则内阻调节成 $R_0 = 75\ mV/100\ μA = 750\ Ω$。对表头,在工业上先通过修整分流器来满足满程电流 I_m 的要求,再通过串联电阻调整成两端电压为 75 mV。

磁电式仪表用来测量直流电压、电流时,表盘上的刻度是均匀的(即线性刻度)。因而,扩展后的表盘刻度根据满量程均匀划分即可。在仪表校验时,首先校准满量程,然后逐一校验其他各点。

2.3.3 实验设备

1. 可调直流稳压电源、可调直流恒流电源、多量程电压表和电流表、数字电压表与数字电流表、可变电阻箱。
2. 选择合适的电阻单元、电位器单元。
3. 万用表。

2.3.4 实验内容与实验步骤

1. 将多量程电流表的最小量程挡当作电表表头,首先将它校正成 $I_m = 100\ μA$,$U_A = 75\ mV$ 的标准电表头,以 1 kΩ 线绕电位器(RP6)进行校正,让二者电阻之和为 750 Ω。
2. 将此表头制作成 1 V 和 10 V 两挡的电压表。

先列方程组进行计算,算出分压电阻 R_1 和 R_2,以高值电阻和合适电位器串联来作分压电阻,以数字电压表作标准计量表,进行校正。

3. 将此表头制作成 500 mA、100 mA 和 10 mA 的电流表。同理也是先列方程组进行计算,算出分流电阻 R_3、R_4 和 R_5,同理以低阻值电阻与低阻值电位器串联来作各分流电阻。以数字电流表与制作的电流表相串联,作为标准计量表。

4. 在校正制作时,建议采用恒压源和恒流源。调节至所需的电压值与电流值。

2.3.5 实验注意事项

1. 本实验元件的选取是在设计的基础上进行的,所以实验前必须预习,并将需要选取的电阻元件的参数都计算出来(包括阻值与功率)。
2. 注意电表的正、负极接线,不可接错。
3. 首先保证电流表的分流器与主电路连接牢固,然后再将表头并接在分流器上。这样才不致发生分流器漏接或连接不牢固而烧坏表头的情况。
4. 制作电压表和电流表时,已预先根据表头的参数(I_m 和 R_0)列出方程组,计算出分压器电阻和分流器电阻。在整定时,主要与标准表对照,调节满刻度值,来修正分压电阻与分流电阻(采用调节串入的电位器的方式进行)。
5. 由于配置的分流电阻与分压电阻多为非标准阻值,因此建议采用相近阻值的电阻与相近阻值电位器串联构成(也便于调整)。

在 YL-GD 装置单元中有一"备用单元",可将与计算值相近阻值的电阻装入此单元中,进行调试。

6. 由于本实验内容较多,若时间不够,可分两次进行。

2.3.6 实验报告要求

1. 画出标准表头,1 V 和 10 V 电压表,10 mA、100 mA 和 500 mA 电流表的电路。并标明分压电阻阻值和分流器阻值。

　　2. 列出求取上述电阻阻值的方程组。

　　3. 写出电压表和电流表校验报告,分析产生偏差的原因。

任务 2.4　多量程欧姆表的设计、配置与整定

2.4.1　实验目的

　　1. 掌握欧姆表的基本原理和多量程欧姆表的设计方法。

　　2. 学会欧姆表的整定方法。

2.4.2　实验电路和工作原理

　　最简单的欧姆表的电路图如图 2-5 所示。其中电源通常为 1.5 V 干电池(或 9 V 干电池),与表头串联的电阻 R_1 用于限流,串联的电位器 RP 用于"调零"(见下面说明)。

　　由欧姆定律可得

$$I = \frac{U_S}{R_0 + R_1 + R_x} \qquad (2-1)$$

式中 U_S 为电源电压、R_0 为电表内阻、R_1 为限流电阻(R_L 与电位器 R 之和)、I 为流过表头的电流。

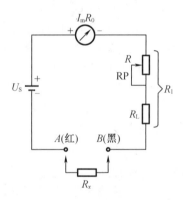

图 2-5　欧姆表电路图

　　首先"调零",即先让 A 与 B 端短接($R_x = 0$),然后调节 RP(即调节 R_1),使 $I = I_m$(表头满刻度电流值),此时有 $I = \dfrac{U_S}{R_0 + R_1}$。

　　当电池用久了,U_S 会降低,这时应调节电位器 RP,当 A、B 端短接($R_x = 0$)时,指针在满刻度处。这意味着满刻度处对应于"零阻值"。这通常是使用欧姆表时的第一个动作,所以 RP 又称电阻挡"调零电位器"。

　　由式(2-1)可知,电表的电流 I 与被测电阻 R_x 为双曲线关系,令 $R' = R_0 + R_1 + R_x$,于是有 $I = U_S/R'$,显然 I 与 R' 的关系在图 2-5 中为虚线纵轴与横轴间的关系。由 $R' = R_0 + R_1 + R_x$ 有 $R_x = R' - (R_0 + R_1)$,于是可进行坐标变换,将纵轴向右移动 $(R_0 + R_1)$。即可得 I 与 R_x 的关系,如图 2-6 中的实线轴所示。

由图 2-6 可见,当 $R_x = 0$ 时,$I = I_m = \dfrac{U_S}{R_0 + R_1}$,它为 $I = f(R_x)$ 曲线与纵轴的交点。

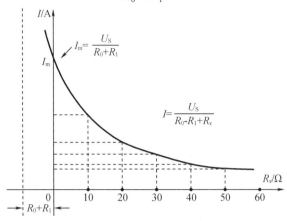

图 2-6 表头电流 I 与被测电阻 R_x 间的关系

当电阻 R_x 增加时,电流的降低与之并不呈线性关系,而是间距越来越小(参见纵轴对应点的间距),这反映在表面刻度上,便是阻值愈大,间距愈小。当 A、B 两端开路,$R_x \to \infty$,电流 $I = 0$(对应电流表的起始处)。

当被测电阻 R_x 与电表的总内阻相等时,即 $R_x = R_0 + R_1$ 时,$I = I_m/2$,电表指针正好指在表面刻度的中间位置。因此 $(R_0 + R_1)$ 的阻值又称为"中值"电阻(用 R_m 表示)。

中值电阻 R_m 的物理含义是:它相当欧姆表在 $R \times 1$ 挡时的电表的等效总内阻。因此当 $R_x = 0$ 时,流过电表电路的电流 $I = U_S/R_m$。

当 R_x 过大,阻值过了中值阻值后,欧姆表的刻度将越来越密,因此在使用欧姆表时,主要使用刻度盘的右半部,若未知电阻阻值较大,则应选择高一挡的倍率。

欧姆表一般具有多个中值电阻,如 $R_m \times 1$、$R_m \times 10$、$R_m \times 100$ 等,为保证在各种中值电阻情况下,当 $R_x = 0$ 时流过表头的电流均为表头的满偏电流 I_m,必须与表头并联分流电阻,R_{S1}、R_{S2}、R_{S3} 为分流电阻,R_{L1}、R_{L2}、R_{L3} 为限流电阻,U_S 通常使用 1.5 V 的干电池。设计如图 2-7 所示欧姆表电路的方法如下:

(1)计算三个分流电阻($R_x = 0$)。根据并联支路两端电压相等的原理,先列出 $R \times 1$ 挡的方程。

由图 2-7 可见,流经表头的电流为 I_m,因此 ab 支路电压为 $I_m(R + R_0 + R_{S3} + R_{S2})$,由于电表电路总电流为 U_S/R_m(因电表的等效总内阻为 R_m),而流经电表头的电流为 I_m,因此流经 ab 支路 R_{S1} 的电流便为 $(U_S/R_m - I_m)$,这样,R_{S1} 上的电压又等于 $(U_S/R_m - I_m)R_{S1}$,则有

$$(U_S/R_m - I_m)R_{S1} = I_m(R + R_0 + R_{S3} + R_{S2}) \tag{2-4}$$

对于 $R \times 10$ 挡,由于电阻增大了 10 倍,因此,总电流应为 $R \times 1$ 挡的 $1/10$,即为 $U_S/(10 \times R_m)$,再根据 ac 并联支路电压相等原理,有

$$\left(\frac{U_S}{10 \times R_m} - I_m\right) \times (R_{S1} + R_{S2}) = I_m(R + R_0 + R_{S3}) \tag{2-5}$$

同理对于 $R \times 100$ 挡,根据 ad 并联支路电压相等原理有

$$\left(\frac{U_S}{100 \times R_m} - I_m\right) \times (R_{S1} + R_{S2} + R_{S3}) = I_m(R + R_0) \tag{2-6}$$

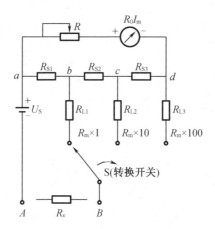

图 2－7 多量程欧姆表电路图

根据给定的 R_m、U_S、R 和 R_0、I_m 的值,则解联列方程式(2－4)、式(2－5)和式(2－6)可计算出分流电阻 R_{S1}、R_{S2} 和 R_{S3}。

(2)计算三个限流电阻 R_{L1}、R_{L2} 和 R_{L3}。

由欧姆表电路 AB 两端望去,欧姆表在 $R\times1$ 挡时的等效总内阻应为 $R_m\times1$,于是有

$$1\times R_m = R_{S1}//(R+R_0+R_{S3}+R_{S2})+R_{L1}$$

由上式可得

$$R_{L1} = 1\times R_m - R_{S1}//(R+R_0+R_{S3}+R_{S2}) \qquad (2-7)$$

同理对于 $R_m\times10$ 挡,可得

$$R_{L2} = 10\times R_m - (R_{S1}+R_{S2})//(R+R_0+R_{S3}) \qquad (2-8)$$

对于 $R_m\times100$ 挡,可得

$$R_{L3} = 100\times R_m - (R_{S1}+R_{S2}+R_{S3})//(R+R_0) \qquad (2-9)$$

如设定:$U_S=1.5\ \text{V}$,$R_m=100\ \Omega$,$R=100\ \Omega$,$R_0=200\ \Omega$,$I_m=100\ \mu\text{A}$,上述分流电阻和限流电阻均可计算出来。

由图 2－5 和图 2－7 可以看出,若用欧姆表去检测其他电路(如检测电解电容的漏电流)时,其 A(红色)端为电源 U_S 的负极,而 B(黑色)端则为电源的正极,使用时请注意。

2.4.3 实验设备

1.多量程电流表、电压表、可调电阻箱。
2.选择合适的电阻单元、电位器单元。
3.1.5 V 干电池。
4.万用表。

2.4.4 实验内容与实验步骤

1.设计制作多量程欧姆表

在制作欧姆表前,首先要根据前面叙述的实验原理进行电路设计,计算各电阻值和它的功率。画出欧姆表的电路图,并标明各元件的参数。

将最小量程的电流表当作电表表头,已知其内阻 $R_0=200\ \Omega$,满程电流 $I_m=100\ \mu\text{A}$,设计、制作具有三个中值电阻 $R_m\times1$、$R_m\times10$、$R_m\times100$ 的欧姆表电路,其中,U_S 为 1#干电池

(1.5 V),R 用 100 Ω 电位器分流电阻和限流电阻,采用电阻箱,由电阻单元和电位器单元中合适的元件组成。

2. 整定多量程欧姆表

以电阻箱作为未知电阻,使其阻值分别为 $R_m×1$、$R_m×10$ 和 $R_m×100$,检查并整定使电表指针指在刻度盘的中心处。

以电阻箱的不同阻值,绘制 $R×1$ 挡欧姆表的表面刻度。即在预先绘制好的,与表头电流均匀刻度相同的表盘图上,根据电流表的读数,标上相对应的被测电阻 R_x 的阻值,阻值由小至大,由 0,0.1,0.2,0.5,1.0,2.0,5.0,10,20,50,100 Ω,200 Ω,500 Ω 等取 15 挡左右。

2.4.5 实验注意事项

1. 本实验元件的选取是在设计的基础上进行的,所以实验前必须预习,并将需要选取的电阻元件的参数都计算出来(包括阻值与功率)。

2. 注意电表的正、负极接线,不可接错。

2. 由于计算出的电阻阻值,一般为非标称阻值,建议采用相近阻值的电阻与适当的电位器串联组合来代替,或另选适电阻,装入备用电阻单元中。

2.4.6 实验报告要求

1. 列出具有三个中值电阻 $R_m×1$、$R_m×10$、$R_m×100$ 三挡欧姆表的设计计算的方程。

2. 画出三挡欧姆表的刻度盘,并分析刻度盘不均匀的原因,分析并说明中值电阻的物理含义。

任务 2.5 未知电阻的测定

——非线性电路的研究、白炽灯灯丝温度的测定及单臂电桥的应用

2.5.1 实验目的

(1)掌握用伏安法测定未知电阻。

(2)学会对伏安特性的分析及应用。

(3)学会用电桥测定未知电阻。

2.5.2 实验电路与工作原理

对未知电阻的测定,通常采用的方法有伏安特性法,电桥法等。

1. 用伏安法测电阻

对线性元件,则电阻 $R = U/I = 1/m =$ 恒量。式中 m 为 $I = f(U)$ 曲线的斜率。

对非线性元件(如白炽灯、二极管、稳压管等),由于其阻值与通过的电流有关,所以通常要采用伏安法;此外对一些含接触电阻的元件(如电枢电阻),需要通以一定的电流,也需要采用伏安法测定。在伏安特性法中,元件的伏安特性曲线 $I = f(U)$ 的斜率 m 的倒数($1/m$)即为该电压(或电流)条件的电阻阻值。

对非线性元件,若其伏安特性曲线如图 2-8 所示,则电阻将有两个概念。

电路基础实训指导

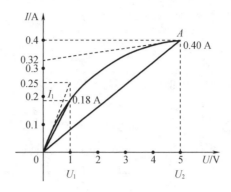

图 2-8　某非线性元件的伏安特性

（1）等效平均电阻即 $R = U/I$，此阻值与 U、I 的取值有关。

若取 $0 \to U_1$（$U_1 = 1.0$ V）段，则其等效平均电阻 $R_1 = U_1/I_1 = 1.0$ V$/0.18$ A $= 5.6$ Ω。

若取 $0 \to U_2$（$U_2 = 5.0$ V）段，则其等效平均电阻 $R_2 = U_2/I_2 = 5.0$ V$/0.4$ A $= 12.5$ Ω

由此可见，对非线性元件，其等效平均电阻随取值的范围有关。

（2）动态电阻 $R = 1/m = \delta U/\delta I$（或 $\Delta U/\Delta I$），此阻值与所选 U（或 I）的取值点有关。

如在 $U = 0$ 点，作 0 点切线，可得其斜率 $m_0 = 0.25/1.0 = 0.25$（S），因此，电阻 $R_0 = 1/m_0 = 1.0/0.25 = 4.0$ Ω。

在 A 点（$U = 5$ V），作 A 点切线，可得其斜率 $m_A = \Delta I/\Delta U = (0.4 - 0.32)/5$（S）$= 0.016$（S），因此在 A 点的电阻 $R_A = 1/m_A = 1/0.016$（Ω）$= 62.5$ Ω。

2. 用电桥法测电阻

用电桥测电阻时，通过未知电阻的电流很小，所以只适用于对线性电阻的精确测量。

在电桥法中，通常又分单臂电桥和双臂电桥。单臂电桥为常用电桥，如 QJ24 型电桥，它的测量范围一般为 $1 \sim 9\,999\,000$ Ω，精度为 0.1%。双臂电桥一般用来测量低值电阻，它的测量范围在 1 Ω 以下，如（$0.000\,01 \sim 1$ Ω）。它主要用来测定大型电机，大型变压器绕组的电阻，或分流器的电阻。

本实验中主要采用单臂电桥测定未知电阻。

单臂电桥的电路如图 2-9 所示。图中 R_1 和 R_2 为构成比率臂的电阻，R 为比较臂，此处为精密电阻箱，R_x 为被测电阻。

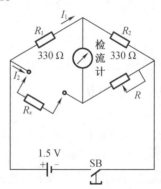

图 2-9　单臂电桥的电路

当调节比较臂 R 阻值，使检流计电流为零时，有

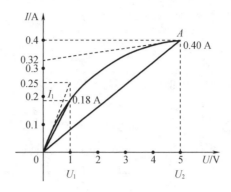

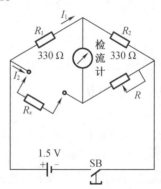

$$I_1 R_1 = I_2 R_x \qquad ①$$

$$I_1 R_2 = I_2 R \qquad ②$$

由上两式有$\dfrac{R_1}{R_2} = \dfrac{R_x}{R}$于是有$R_x = \dfrac{R_1}{R_2} \times R$。由此可见，$R_x$与$R$成正比，$R_1/R_2$构成比率。此处取$R_1 = R_2 = 330\ \Omega$，（使两者相等），于是$R_x = R$，未知电阻可直接由精密电阻箱读出。

3. 导体电阻的阻值会随温度变化

$$R_t = R_0(1 + \alpha t) \qquad ③$$

式中，R_0为 0 ℃时的电阻，R_t为 t ℃时的电阻，α为电阻温度数。

2.5.3　实验设备

1. 可调直流稳压源、检流计（可用 100 μA 微安表代替）。

2. 两个 330 Ω 线性电阻（R_2、R_3 单元）、可变电阻箱（R_8 单元）、按钮开关（SB_1 单元）。

3. 万用表。

2.5.4　实验内容与实验步骤

1. 重做 2.1.4 中的第 2 个实验，得到伏安特性曲线并记录下室温，求出该白炽灯在室温时的电阻，和 24 V 额定电压时的电阻，并由此推算出白炽灯额定电压时钨丝的温度（已知钨丝电阻的温度系数 $\alpha = 0.004\ 5$）。

2. 根据由图 2 - 9 所示的电桥电路测未知电阻 R_x（R_8 单元）。

先用万用表大致测量一下未知电阻 R_x 的阻值，便于电阻箱置数，以防止检流计电流过大（过大会损坏检流计）。

读取未知电阻的阻值，以及白炽灯在室温下的阻值。

2.5.5　实验注意事项

1. 使用可调直流稳压电源时，要注意电压不能超过元件的额定电压，否则会烧坏元件。

2. 当白炽灯加上额定电压时，灯泡表面温度很高，注意不要触及皮肤。

3. 电桥的按钮开关不能长时间按住，以免烧坏检流计。对检流计，主要识别指针偏向，便于判断是增加还是减小比较臂 R 的阻值。

2.5.6　实验报告要求

1. 根据 2.4.1 第 2 个实验的伏安特性曲线，画出白炽灯动态电阻曲线（取 8 个点）斜率并标出室温和额定电压时的阻值。

2. 由室温阻值及额定电压时的阻值，算出白炽灯额定电压时的温度。

3. 写出单臂电桥工作原理。

4. 将室温时由电桥测得的阻值与由伏安特性求得的白炽灯的阻值进行对照，分析两者差别的原因（注意有效数字）。

任务 2.6　基尔霍夫定律的验证与应用

——直流电源并联供电时负荷分配的研究

2.6.1　实验目的

1. 验证基尔霍夫定律。

2. 基尔霍夫定律的应用——直流电源并联供电时负荷分配的研究。

2.6.2　实验电路与工作原理

1. 基尔霍夫定律:

(1)基尔霍夫第一定律:对某个节点,$\sum i = 0$,一般流出结点的电流取正号,流入节点的电流取负号。其物理含义为基尔霍夫电流定律是电荷守恒原理在电路中的反映。

(2)基尔霍夫第二定律:对某个封闭回路 $\sum u = 0$,当支路电压的参考方向与回路的绕行方向一致时,该电压取" + ",反之取" – "。其物理含义为表征能量守恒,即对一个封闭回路,电位升等于电位降,而电位是电场力对单位电荷在电场中所做的功。

2. 验证基尔霍夫定律的电路采用如图 2 - 10 所示的电路。

3. 应用基尔霍夫定律进行分析的最典型的电路是直流电源并联供电负荷分配的研究,其电路如图 2 - 10 所示。图中 U_{S1} 为可调直接稳压电源,电压调节 $U_{S1} = 3\ \text{V}$,$r_1 = 0.2\ \Omega$(作为电源内阻)。图中 U_{S2} 为二节 1 号干电池(1.5 V×2),$r_2 = 0.4\ \Omega$(作电池内阻,电池本身也有内阻)。

串入 r_1 与 r_2 的目的是显示电源电路电阻(通常由电源内阻和导线电阻等构成)。

由电路分析可知,虽然两个直流电源的电动势相等(基本上都是 3 V),但电源的内阻大小将影响供电负荷的分配。

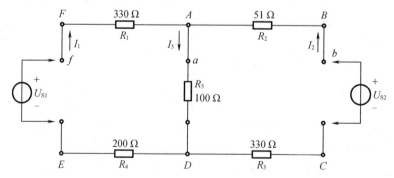

图 2 - 10　基尔霍夫定律的验证

2.6.3　实验设备

1. 可调直流稳压电源、输出 15 V 和 12 V 的直流稳压电源、数字电压表、多量程直流电流表、可变电阻箱。

2.1 号干电池 2 节。

3.线性电阻:330 Ω(二个)、51 Ω、200 Ω、100 Ω(R_1、R_2、R_3 单元),0.2 Ω、0.4 Ω(R_7 单元)。

4.万用表。

2.6.4 实验内容与实验步骤

1.按图 2-10 电路接线,直流稳压电源 $U_{S1} = 15$ V,$U_{S2} = 12$ V,以多量程电流表分别串入三条支路中(用电流表分别取代 Ff、Aa 和 Bb 间的连线),测定三个支路电流 I_1、I_3 和 I_2。将所测数据填入表 2-8 中。

表 2-8 验证基尔霍夫第一定律

I_1/mA	I_2/mA	I_3/mA	$\sum I$(A 点)	U_{S1}/V	U_{S2}/V

2.在图 2-10 中,用数字电压表分别测定回路 $ABCDA$ 和回路 $ADEFA$ 各段电压,并计算出回路总电压 $\sum U$,填入表 2-9 中。

表 2-9 验证基尔霍夫第二定律   单位:V

回路 $ABCDA$	U_{AB}	U_{BC}	U_{CD}	U_{DA}	$\sum U$
回路 $ADEFA$	U_{AD}	U_{DE}	U_{EF}	U_{FA}	$\sum U$

3.按图 2-11 接线,$U_{S1} = 3$ V,$U_{S2} = 3$ V,$r_1 = 0.2$ Ω,$r_2 = 0.4$ Ω,为减少电压表的负载效应(电表成为电路中的一个负载,在电路中造成分流或降压效应),电压表采用数字电压表。

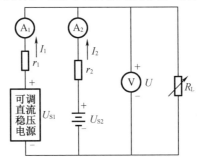

图 2-11 直流电源并联供电电路

(1)将 R_L 调节为 20 Ω,分别读取支路电压 U 与支路电流 I_1 与 I_2。

(2)将 R_L 调节为 10 Ω,重做上述实验,分别读取支路电压与支路电流。将实验结果填入表 2-10 中。

表 2 - 10 直流电源并联供电电路实验数据

R_L/Ω	U/V	I_1/mA	I_2/mA
20			
10			

2.6.5 实验注意事项

1. 接入电流表时,要注意量程选择。量程的选择,取决于对通过的电流值的估算,以电源电压除以途经的电阻阻值,即可得出流过电流的数量级,同时要注意电源和电表的极性不要接错。

2. 在记录电表数值时,要注意参考方向与测量方向一致取正号,相反取负号。

2.6.6 实验报告要求

1. 根据电源电压(略去内阻压降)和各电阻标称阻值,应用基尔霍夫定律,计算出各支路电流 I_1、I_2 和 I_3,并与实验测得的数据进行对照,看看是否一致。分析产生误差的可能原因。

2. 对直流电源并联供电电路进行电路分析。

(1)由第一条支路两次实验的数据,可算出电源的电动势与内阻。

$$R_L = 20 \ \Omega \ 时, U = E_1 - I_1(r_0 + r_1) \quad (2 - 10)$$
$$R_L = 10 \ \Omega \ 时, U' = E_1 - I_1'(r_0 + r_1) \quad (2 - 11)$$

式中当电阻 $R_L = 10 \ \Omega$ 时测得的支路电压 U 与支路电流 I_1 用 U' 和 I_1' 表示,根据已知的 U、U'、I_1、I_1' 及 r_1 值,于是由式(2 - 10)和式(2 - 11),便可解得电源 U_{S1} 的电动势 E_1 和内阻 r_0。

(2)对第二条支路,同理可求得 U_{S2}(干电池)的电动势与内阻。

(3)根据以上数据,应用基尔霍夫定律,计算负载电阻分别为 $R_L = 20 \ \Omega$ 和 $R_L = 10 \ \Omega$ 时,两个电源支路的电流 I_1、I_2。

(4)分析电源内阻对并联电源供电负荷分配的影响。

任务 2.7 最大功率输出条件的研究

2.7.1 实验目的

1. 领会常用供电电路的特点。
2. 负载恒压供电的研究。
3. 供电导线电阻损耗恒流特点的研究。

2.7.2 实验电路与工作原理

图 2 - 12 为一常用供电电路。图中 U_S 为可调直流稳压电源,用它模拟实用供电电源,R_L 为负载电阻,r 为供电导线的电阻,FU 为熔断器(熔丝 1.0 A),通常 $r \ll R_L$,这一特点可得出下面结论:

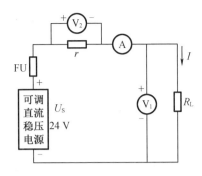

图 2 - 12　常用供电电路特点和最大功率输出

（1）由于 $r \ll R_L$，线路上的压降，Ir 远小于负载电压 IR_L，因此对负载 R_L 而言，近似恒压供电，即 $U \approx$ 恒量，此时的电流 I 主要取决于负载 $R_L(I = U/R_L)$，线路电阻 r 的影响可忽略不计，此时负载功率 $P_L = UI = U^2/R_L$，即负载功率与负载电阻成反比。

（2）由于 $r \ll R_L$，线路电阻 r 改变，对负载电压与电流的影响极小，对 r 来讲，可看成是一个恒流负载，$I \approx$ 恒量（因电流取决于负载）。线路电阻 r 的损耗 $P_r = U_2 I = I^2 r$，即线路损耗与线路电阻成正比。

对电子电路，往往要求为负载（如扬声器）提供较大的输出功率。现也以图 2 - 12 所示电路进行分析，设 R_L 为负载阻抗，r 为内阻，分析 R_L 获得最大功率的条件。

由图 2 - 12 可知，负载上的功率

$$P = \left(\frac{U_S}{R_L + r}\right)^2 \times R_L = \frac{U_S^2 R_L}{(R_L + r)^2} = \frac{U_S^2 R_L}{4rR_L + (R_L - r)^2} \qquad (2 - 12)$$

由式（2 - 12）可见，要满足 $P = P_{max}$，唯有 $(R_L - r) = 0$，即 $R_L = r$ 时，$P = P_{max} = \dfrac{U_S^2}{4r}$。

2.7.3　实验设备

1. 可调直流稳压电源、多量程电压表与电流表、数字电压表。
2. 线性电阻：$100\ \Omega(R_1$ 单元）、$0.1\ \Omega(R_7$ 单元）、可调电阻箱、熔断器（FU）。
3. 万用表。

2.7.4　实验内容与实验步骤

1. 按图 2 - 12 所示电路接线。图中 U_S 为可调直流稳压电源，预先调整使输出电压为 24 V。图中 R_L 为负载电阻（可调电阻箱），r 为供电导线电阻，电压表 V_1 采用数字电压表，电压表 V_2 和电流表 A 采用多量程电表。

2. 取 $r = 0.1\ \Omega$，对于不同的 R_L 分别读取负载电压 U_1 与电流 I 的数值，并计算出负载 R_L 上的功率 P_L。全部数据记入表 2 - 11 中。

表 2 - 11   常用供电电路实验数据

$r = 0.1 \ \Omega$ $U_S = 24 \ V$

项目	R_L/Ω				
	200	100	50	30	20
I/A					
U_1/V					
$P_L = U_1 I/W$					

3. 取 $R_L = 100 \ \Omega$，对于不同的 r 分别读取 V_1、V_2 和 A 的读数，并计算 r 上消耗的功率。全部数据记入表 2 - 12 中。

表 2 - 12   常用供电电路实验数据

$R_L = 100 \ \Omega$ $U_S = 24 \ V$

项目	r/Ω					
	0.1	0.2	0.3	0.4	0.5	0.6
I/A						
U_1/V						
U_2/mV						
$P_r = U_2 I/W$						

4. 取 $r = 100 \ \Omega, U_S = 24 \ V$，对于不同的 R_L 分别测定负载上的功率 P。全部数据记入表 2 - 13 中。

表 2 - 13   电路最大功率输出条件实验数据

$r = 100 \ \Omega$ $U_S = 24 \ V$

项目	R_L/Ω						
	40	60	80	100	120	140	160
I/A							
U_1/V							
$P = U_1 I/W$							

2.7.5 实验注意事项

1. 此实验电路虽然简单，但实验揭示的基本概念和相关结论对今后实际工作却是十分重要，因此要很好领会并记住它。

2. 接线顺序仍遵循"先串后并"的原则，接线时，注意不要发生短路。

3. 电表读数时注意误差及极性。

2.7.6 实验报告要求

1. 根据表 2-11 的实验数据, 在坐标纸上, 以负载电阻 R_L 为横轴, 分别以电流 I、电压 U 和功率 P 为纵轴, 分别画出 $I=f(R_L)$、$U_1=f(R_L)$ 和 $P_L=f(R_L)$ 三条曲线, 并从这三条实验曲线中归纳出相应的结论。

2. 根据表 2-12 的实验数据, 在坐标纸上, 以供电导线电阻 r 为横坐标, 分别画出 $I=f(r)$、$U_1=f(r)$、$U_2=f(r)$、$P_r=f(r)$ 四条曲线, 并由这四条曲线归纳出相应的结论。

3. 根据表 2-13 的实验数据, 在坐标纸上, 以负载电阻 R_L 为横坐标, 以负载上的功率 P 为纵坐标, 画出 $P=f(R_L)$ 曲线, 并从中归纳出相应结论。

任务2.8 实际直流稳压电源和直流稳流电源的研究

2.8.1 实验目的

1. 掌握常用直流稳压电源的线路、工作原理和工作性能的测定。
2. 掌握常用直流稳流电源的线路、工作原理和工作性能的测定。

2.8.2 实验电路与工作原理

1. 实际恒压源电路

常用直流稳压电源的线路如图 2-13 所示。

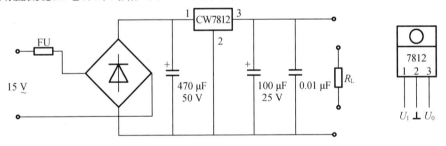

图 2-13 实际恒压源电路

图 2-13 中 4 只 IN4007 二极管组成桥式整流电路, 再经电容滤波后, 成为较平稳的直流电。图中 7812 为三端稳压集成电路, 它能自动调整电压, 降低负载电流波动对电压的影响, 使电压保持在 12 V 的幅值上。

在 7812 三端稳压块的输出端, 并联一只 100 μF 的电解电容, 其作用是低频滤波, 并联的另一只 0.01 μF 的聚酯薄膜电容, 其作用是高频滤波。

电压源的工作特性, 主要是指输出电压 U 与工作电流 I 间的关系, 即 $U=f(I)$。工作指标主要是"电压调整率($\Delta U\%$)", 其定义是空载电压和额定电压之差与额定输出电压 U_N 的比值。即

$$\Delta U\% = \frac{U_0 - U_N}{U_N} \times 100\%$$

式中 $\Delta U\%$——电压调整率;

U_0——空载电压；

U_N——满载电压(额定电压)。

2. 实际恒流源电路

常用的恒流源电路如图 2-14 所示。图中 VT 为 PNP 晶体管(1.5 A/25 V),1N4733 为稳压管(5.1 V)。

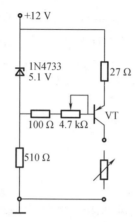

图 2-14　实际直流恒流源电路

由于晶体三极管具有电流放大的特性,即集电极电流 I_c 为基极电流 I_b 的 β 倍,即 $I_c = \beta I_b$,β 在一定范围内为一常数,因此若能使基极电流 I_b 为某一恒量,则集电极电流 I_c 也将为一恒量。若以集电极电流供给负载,这就是一个恒流源。

在图 2-14 中,基极回路电压是依靠稳压管 1N4733(5.1 V)提供恒定的基极电压,电阻限定流过稳压管的电流(使电流维持在 10 mA 左右)。由 4.7 kΩ 电位器(RP)调节基极电流。恒定电流 I 由集电极输出。若输出处接电阻负载,则输出电压 $U = IR$,改变电阻阻值,则输出电压与电阻成正比(因电流为恒量),此时负载功率 $P = UI = I^2R$,输出功率与电阻成正比。

2.8.3　实验设备

1. 多量程电压表、多量程电流表、数字电压表、可调电阻箱、+12 V 直流电源。
2. 恒压源电路（AX₅ 单元）与恒流源电路（AX₆ 单元）、熔断器(FU)、可调电阻箱。
3. 万用表。

2.8.4　实验内容与实验步骤

1. 恒压源外特性实验

在图 2-13 所示的电路中,在输入端接上交流 15 V 电源,在 12 V 直流输出端,接上电阻负载(可调电阻箱),调节电阻箱阻值分别为空载、200 Ω、100 Ω、50 Ω、20 Ω 和 12 Ω,分别测定电压源输出(亦为负载上)的电压 U 和电流 I,计算输出功率 P,为防止电源过流,在输出端串联一熔断器(熔丝 1.0 A)。所有数据记入表 2-14 中。

表 2 – 14 恒压源外特性实验数据

项目	R/Ω					
	开路(空载)	200 Ω	100 Ω	50 Ω	20 Ω	12 Ω
I/mA						
U/V						
$P = UI/\text{W}$						

2. 恒流源实验

在图 2 – 14 所示的电路中,加上电路工作电源,$V_{CC} = +12\ \text{V}$,在晶体管集电极输出处,接上负载电阻 $R_L 40\ \Omega$,与负载串接电流表,与负载并联接电压表。调节基极回路电位器,使输出电流为 100 mA,然后改变负载电阻,使 R_L 分别为 40 Ω、50 Ω、60 Ω、70 Ω、100 Ω。测定输出(亦即 R_L)的电流 I 与电压 U,计算输出功率 P。所有数据记入表 2 – 15 中。

表 2 – 15 恒流源外特性实验数据

$r = 0.1\ \Omega$　$U_S = 24\ \text{V}$

项目	R_L/Ω				
	40	50	60	70	100
U/V					
I/mA					
$P = UI/\text{W}$					

为防止电源过流,输出处串接一熔断器(1.0 A)。在此恒流源的线路中,要保持恒流特性,是有条件的,即输出电压不能超过限幅值,由图 2 – 16 可见,由于此电路的工作电源电压为 12 V,经稳压管降去 5.1 V,因此基极电位 $U_b = 12\ \text{V} – 5.1\ \text{V} ≈ 7\ \text{V}$,发射极电位为 7 V 左右,发射极电位较基极电位仅高 $0.3 ~ 0.7\ \text{V}$。因此恒流源输出的最高电压为 7 V 左右,对 7 V 电源而言,要维持 100 mA 电流,电阻阻值 $R = 7\ \text{V}/0.1\ \text{A} = 70\ \Omega$,若电阻大于 70 Ω,电压又无法提高,则电流将会下降(无法保持恒流),这在实验中将会反映出来。

综上所述,对实际电压源有输出电流限制。对实际电流源,将有输出电压限制。

2.8.5　实验注意事项

1. 为了更好地理解恒压源与恒流源的实际工作特性,实验模块线路中引入了少量电子元件,这些线路在以后课程中会经常遇到的,它们的工作原理也不难理解,若有困难可参考相关电子技术书籍。

2. 为防止因短路(或过载)烧坏电路元件,所以请在电源输出端串接(1.0 A)的熔断器。

2.8.6　实验报告要求

1. 根据表 2 – 14 实验数据,在坐标纸上,以电源电流 I 为横轴,电源电压 U 为纵轴,画出电压源工作特性曲线 $U = f(I)$。

2. 由 $U = f(I)$ 曲线,求取电压源的电压调整率 $\Delta U\%$ 和等效内阻 r_0。

3. 根据表 2-14 实验数据,以负载电阻 R 为横轴,以电流 I、电压 U 和功率 P 为纵轴,分别画出 $I=f(R)$、$U=f(R)$ 和 $P=f(R)$ 三条曲线,并由它们归纳出相应的结论。

4. 根据表 2-15 实验数据,以电源电压 U 为横轴,电源供给的电流 I 为纵轴,画出电流源的工作特性 $I=f(U)$,并求出其等效内阻 r_0。

5. 根据表 2-15 实验数据,以负载电阻 R_L 为横轴,以电压 U、电流 I 和功率 P 为纵轴,分别画出 $U=f(R_L)$、$I=f(R_L)$ 及 $P=f(R_L)$。并由这三条曲线归纳出相应的结论。

任务 2.9 叠加定理的验证与应用

——多信号叠加控制电路的研究

2.9.1 实验目的

1. 验证叠加定理。
2. 应用叠加定理分析研究多信号控制电路。

2.9.2 实验电路与工作原理

1. 叠加定理的内容

对线性电路(或系统),几个量同时作用的结果等于各个量单独作用结果的代数和。

2. 验证叠加定理

以图 2-17 所示的典型电路来验证叠加定理。

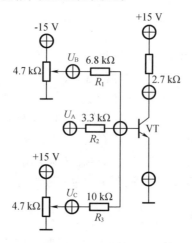

图 2-17 多信号叠加控制电路

3. 多信号叠加控制电路的研究

图 2-17 为多信号叠加控制电路。它是一个典型的电路,图中晶体管 VT 的输入端(基极)有三个输入信号 U_A、U_B 和 U_C,其中 U_A 通常为周期性信号(如锯齿波信号,或三角波号等),它通常为正信号;U_C 为控制信号,此处为正信号;U_B 则为负偏置信号,U_B 的作用是为了防止控制信号中的干扰尖脉冲造成 VT 误导通,使 VT 在工作时可靠截止,有时,设置 U_B 也是为了调整被控制量输出电压波形的起始点。

下面应用叠加定理来分析此晶体管 VT 通断的条件。

设 U_B 的输入电阻 $R_1 = 6.8$ kΩ，U_A 的输入电阻 $R_2 = 3.3$ kΩ，U_C 的输入电阻 $R_3 = 10$ kΩ。

如今基极有三个电压同时作用，由于它们是由线性元件（电阻）构成的电路，因此可以应用叠加定理。为此，可首先分别分析各个电源单独作用的结果。图 2-18 为三个信号分别作用的情况。当其中一个电源作用时，其他不作用的电压源看作对地短路，如图 2-18 所示。

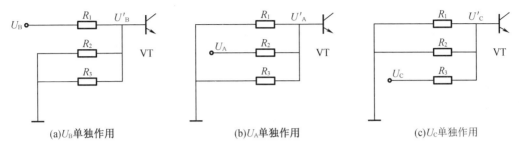

(a)U_B单独作用　　　　　　(b)U_A单独作用　　　　　　(c)U_C单独作用

图 2-18　U_B、U_A 和 U_C 单独作用时的电路

（1）当 U_B 单独作用时，U_A、U_C 除去（对地短接），这时在 VT 基极的电位，由电阻分压公式可得：

$$U'_B = \frac{R_2//R_3}{R_1 + R_2//R_3} U_B \qquad (2-13)$$

（2）当 U_A 单独作用时：

$$U'_A = \frac{R_1//R_3}{R_2 + R_1//R_3} U_A \qquad (2-14)$$

（3）当 U_C 单独作用时：

$$U'_C = \frac{R_1//R_2}{R_3 + R_1//R_2} U_C \qquad (2-15)$$

当 U_A、U_B 和 U_C 三个电源同时作用时，则 VT 管基极电位为三者分别作用结果的叠加：

$$U_b = U'_A + U'_B + U'_C \qquad (2-16)$$

根据晶体管的导通特点，若 $U_b \geqslant 0.7$ V，则 VT 导通；若 $U_b \leqslant 0$ 时，则 VT 截止（严格讲 $U_b < 0.3$ V）。由式(2-16)可获得图 2-17 电路晶体管导通与截止的条件。

2.9.3　实验设备

1. 可调直流稳压电源、±15 V 直流电源、12 V 直流电源、多量程电流表、数字电压表、可变电阻箱。

2. 线性电阻：330 Ω（2 个）、51 Ω、200 Ω、100 Ω（R_1、R_2、R_3 单元各 1 个）。

3. 信号叠加控制电路（GD·AX$_2$ 单元）。

4. 万用表。

2.9.4　实验内容与实验步骤

1. 对如图 2-17 所示的电路：

（1）先单独接上电源 $U_{S1} = 15$ V，去掉 12 V 电源 U_{S2}（将 BC 两点短接），测量各支路电流 I_1、I_2 和 I_3。

（2）再单独接上电源 $U_{S2} = 12$ V，去掉 U_{S1}（将 FE 两点短接），测量各支路电流 I_1、I_2 和 I_3。

（3）最后同时接上 U_{S1} 和 U_{S2}，测量各支路电流 I_1、I_2 和 I_3。对照三种情况，分析是否符合叠加定理（在规定范围内）。所有数据记入表 2 – 16 中。

表 2 – 16　线性电路叠加定理验证实验数据　　　　　　　　　　　　单位:mA

施加电压	支路电流		
	I_1	I_2	I_3
U_{S1} 单独			
U_{S2} 单独			
U_{S1}、U_{S2} 同时			

2. 对图 2 – 17 所示的电路:在 R_2（51Ω）电阻的支路中，串接一个二极管（二极管阴极 K 接在 B 端），重做上述实验，将 I_1、I_2、I_3 记录在表 2 – 17 中，分析是否符合叠加定理。

表 2 – 17　非线性电路叠加定理验证实验数据　　　　　　　　　　　单位:mA

施加电压	支路电流		
	I_1	I_2	I_3
U_{S1} 单独			
U_{S2} 单独			
U_{S1}、U_{S2} 同时			

3. 对图 2 – 17 所示的电路中:若 U_A 由可调直流稳压电源供电（预先调至 +3V），在 U_B 处调节 4.7 kΩ 电位器，使 $U_B = -8$ V（用数字万用表测）。在 U_C 处调节其左边的 4.7 kΩ 电位器，使 U_C 处于临界状态（此时 $U_C = U_{C0}$），所谓临界状态，即 $U_C > (U_{C0} + 0.7$ V），则 VT 导通;$U_C < U_{C0}$，则 VT 截止。用数字万用表测出 U_{C0}。

晶体管导通与截止状态，用电压表测 VT 集电极对地电位（即 U_{ce}）即可判断出来，高电平（$U_{ce} = 12$ V 左右）为截止;低电平（$U_{ce} = 0.3$ V 左右）则为导通。

2.9.5　实验注意事项

1. 注意电流表串联在电路中，电压表则与所测电路两端并联。
2. 电子电路的电压，要用晶体管毫伏表或数字万用表（其内阻 $r_0 = 10$ MΩ）来测量。
3. 注意应用叠加定理的条件。

2.9.6　实验报告要求

1. 由表 2 – 15 所列数据，分析是否符合叠加定理。
2. 由表 2 – 16 所列数据，分析是否符合叠加定理，为什么？
3. 根据图 2 – 17 中的参数，由式（2 – 13）、式（2 – 14）、式（2 – 15）、式（2 – 16）计算 U_C 处于临界的数值 U_{C0}（$U_b = 0$ 时）。

4.将由实验实测的 U_{CO},与计算值相比较,若有误差,分析其中原因,并判断是否在允许误差之内。

任务 2.10　戴维南定理的验证

2.10.1　实验目的

1.验证戴维南定理。

2.初步掌握线性有源二端网络参数的测定。

2.10.2　实验电路与工作原理

1.戴维南定理

任何线性有源二端网络,对外电路而言,总可以等效为一个电压源 U_S 和电阻 R_0 串联的模型。该电压源的电压 U_S 等于有源二端网络的开路电压 U_{OC};电阻 R_0 等于相应无源二端网络的等效电阻。戴维南定理的指导思想是,将复杂的有源二端网络,简化成典型电压源后,可以应用全电路欧姆定律 $I = U_S/(R_0 + R_L)$ 来分析外电路(负载 R_L 支路)的工作状况(电压、电流和功率等)。其前提条件是线性有源网络。

2.验证戴维南定理

以图 2-18 所示的典型电路来验证戴维南定理。

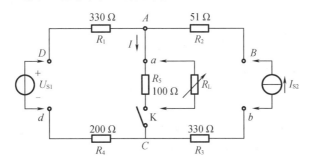

图 2-18　戴维南定理验证

3.线性有源二端网络参数 U_{OC} 和 R_0 的测定

(1)开路电压 U_{OC}(开关 K 断开时)的测定

当所用电压表的内阻远大于 R_0 时,可直接将电压表并联在外部端钮上(图中 AC 间),电压表指示值为 U_{OC}。

(2)等效电源内阻 R_0 的测定

①根据戴维南定理,将有源二端网络内部的独立电源移去,电压源用短路线代替,电流源代之以开路,被测网络成为无源二端网络,测出其两端电阻。

实际电源都有内阻,故此方法因移去电源而产生误差。

②半偏法。先测出有源二端网络的开路电压 U_{OC},然后按图 2-19 在有源二端网络外部端钮接一适当的可变电阻 R_L,测出 R_L 的端电压 U_{RL},由于

$$U_{RL} = U_{OC} \times \frac{R_L}{R_L + R_0}$$

则

$$R_0 = \left(\frac{U_{OC}}{U_{RL}} - 1 \right) R_L$$

如果调节 R_L，使 $U_{RL} = \frac{1}{2} U_{OC}$，则 $R_0 = R_L$。

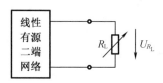

图 2-19 等效电源内阻的测定

2.10.3 实验设备

1.可调直流稳压电源(电压调至 15 V)、可调直流稳流电源(输出电流调至 20 mA)、数字电压表、多量程电流表。

2.线性电阻:330 Ω(2 个)、51 Ω、200 Ω、100 Ω(R_1、R_2、R_3 单元各 1 个)、可变电阻箱。

3.万用表。

2.10.4 实验内容与实验步骤

1.按图 2-18 电路接线,直流稳压电源 $U_{S1} = 15V$,直流稳流电源 $I_{S2} = 20$ mA,合上开关 K,以多量程电流表串入 R_5 支路中(以电流表取代 Aa 间的连线),测定该支路电流 I。

2.测量有源二端网络的开路电压 U_{OC}。断开开关 K,用电压表测量 A、C 间开路电压。

3.测量等效电源电阻 R_0。

方法一:将电源 U_{S1}、I_{S2} 去掉,(D 与 d 两点用导线连接,B 与 b 两点断开),用万用表电阻挡测量 A、C 间的等效电阻,即为等效电源电阻,用 R_0' 表示。

方法二:测出开路电压 U_{OC} 后,以可变电阻 R_L (可变电阻箱) 取代 R_5,调节 R_L 值,使 $U_{AC} = \frac{1}{2} U_{OC}$,根据 $R_0 = \left(\frac{U_{OC}}{U_{AC}} - 1 \right) R_L$,则此时 $R_0 = R_L$,测出 R_L 值,即为 R_0。

4.重新调整电压源电压,使之输出电压为 U_{OC},用可变电阻箱调整出 R_0 值,然后连接成图 2-20 所示电路,以多量程电流表串入 R_5 支路中,测定该支路电流 I',与 I 相比较,来验证戴维南定理的正确性。所有数据记入表 2-17 中。

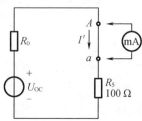

图 2-20 等效电压源电路

表 2 – 17 戴维南定理验证实验数据

测量项目	I/mA	U_{OC}/V	R_0'/Ω	R_L/Ω	R_0/Ω	I'/mA
数值						

2.10.5 实验注意事项

1. 对可调电源,要先调整到预定值,关断总电源后,再进行接线。

2. 测量等效电源电阻 R_0' 时,注意将电源 U_{S1}、I_{S2} 去掉,决不能将电源直接短接。

3. 接入电流表时,要注意量程选择及电表的极性。在记录电表数值时,要注意参考方向与测量方向是否一致。

2.10.6 实验报告要求

1. 根据实验数据分析是否符合戴维南定理。

2. 根据电源电压(略去内阻压降)和各电阻标称阻值,应用戴维南定理,计算出 U_{OC}、R_0 及 R_5 支路电流。并与实验测得的数据进行对照,看是否一致。并分析产生误差的可能原因。

模块 3　交流电路

任务 3.1　日光灯(RL)电路的分析与研究

3.1.1　实验目的

1. 掌握日光灯的工作原理与接线。
2. 学会用相量法来分析计算正弦交流电压的叠加。

3.1.2　实验电路与工作原理

图 3 – 1 中 HL 为 8 W 日光灯灯管,管内充有汞蒸汽,在高电压(约 400 V,称为启辉电压)作用下,将发生碰撞电离,汞蒸汽电离时,产生的紫外线射在管壁的荧光粉上,将产生白色或其他色彩的可见光(光的颜色,取决于荧光粉材料)。由于当气体电离后,在高电压作用下,会发生"崩溃"电离,形成很大电流,若不设法限制电流,则会烧坏灯管。因此在灯管的回路中,增设一个镇流器(L_d),这是一个铁芯电抗线圈,为了防止电抗器饱和,它的铁芯有一个很小的空气隙(通常用垫电容纸或涤纶膜来构成气隙),图 3 – 1 中 L_d 的图形符号表明它是一个带气隙铁芯电抗器。

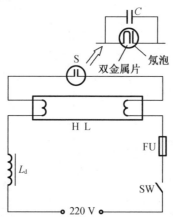

图 3 – 1　日光灯电路

由于有效值为 220 V 的交流电的峰值电压 $U_m = \sqrt{2} \times 220$ V = 311 V,达不到启辉电压的要求,因此又增设了一个启辉器 S,它与灯管并联。它是一个有两个电极的氖泡,其中一个电极为双金属片,由热膨胀系数不同的两种金属片压合而成,由于两种金属片膨胀系数不同,当受热时双金属片将向热膨胀系数小的外方弯曲。

启辉器的功能如下:合上开关 SW 后,220 V 交流电压通过镇流器加在日光灯灯管与启辉器两端(两者并联),由于这时电压未达到灯管启辉电压,灯管无法通电;但电压加在启辉器上,将使氖泡两端间的氖气电离(发出橘红色光),氖泡中的电极因氖气电离而发热,双金属片向外弯曲,导致两电极接触,接触电阻很小,这使通过镇流器的电流增加很多。

氖泡两电极接触后,极间气体电离便消失,电极便迅速冷却,双金属片又恢复分开的原状,而启辉器两极突然分开,通过镇流器的电流迅速降到零,使镇流器产生很大的自感电动势($e_L = L_d \dfrac{di}{dt}$),此电动势将超过日光灯管的启辉电压,从而使日光灯管启辉,通电发光。

当日光灯通电后,8 W日光灯管的电压为80 V左右,低于启辉器启辉电压,启辉器停止工作,(但当灯管用旧后,等效电阻变大,灯管压降增加,可能使启辉器再次启辉,会导致启辉器反复启辉闪烁)。

为了防止启辉器氖泡电极间电离火花产生的电磁波辐射对无线电波的干扰,通常在启辉器两端再并接一个很小的涤纶电容器,以旁路高频电流。

图3-1中FU为熔断器(选0.5 A熔丝)。

日光灯电路中的灯管,属于电阻性负载,镇流器L_d是一个具有电阻的电感性负载(可看成电阻与电感的串联),因此它的等效电路如图3-2(a)所示。

由图3-2(a)可见,日光灯电路相当于由两个电阻(灯管电阻R_H、镇流器电阻R_1)及一个电感L_1串联构成。电路电压的相量图如图3-2(b)所示。

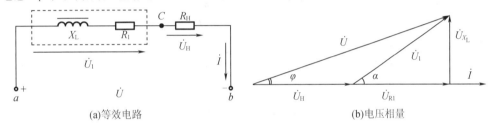

(a)等效电路　　　　　　　　(b)电压相量

图3-2　日光灯电路等效电路图与电压相量图

对串联电路,由于通过各元件的电流相同,画相量图时,通常以电流$\dot{I}$为参考轴。电阻电压$\dot{U}_R$与$\dot{I}$同相,电感电压$\dot{U}_{XL}$较$\dot{I}$超前90°。于是可画出如图3-2(b)所示电压、电流相量图。图中$\dot{U}_H$为灯管电压,$\dot{U}_{R1}$为镇流器电阻电压,$\dot{U}_{XL}$为镇流器电感电压,$\dot{U}_1$为镇流器电压,总电压为$\dot{U}$(在实际中,只能测出U_H与U_1及U)。

3.1.3　实验设备

1.交流电压表、电流表。
2.8 W灯管、启辉器、镇流器、开关、熔断器(FU单元)。
3.双踪示波器。
4.万用表。

3.1.4　实验内容与实验步骤

1.按图3-1所示电路接线,电源电压为220 V(由于YL-GD实验台的相电压为127 V,线电压为220 V,所以此处接线电压)。

2.用交流电流表测定线路电流I,用交流电压表测量总电压U、灯管电压U_H及镇流器

电压 U_1,并记录于表 3 - 1 中。

表 3 - 1 白炽灯各部件的电压与电流

测量项目	电流 I/A	总电压 U/V	灯管电压 U_H/V	镇流器电压 U_1/V	相位差 Φ/(°)
数值					

3. 用双踪示波器测量 U 与 U_H,分别记下 U 及 U_H 的波形图,最大值及两者的相位差 Φ。(注意:U_H 与 I 同相位)。

4. 用双踪示波器测量 U_1 与($-U_H$),这时以图 3 - 2 中的 C 点为公共端,记录下 U_1 与 $-U_H$ 的波形图,记下 U_1 及 U_H 的最大值及两者的相位差。读取相位差时,要将 $-U_H$ 波形翻转 180° 成为 U_H 后,再读出两者相位差 α。

3.1.5 实验注意事项

1. 由于实验供电电压为 220 V,因此实验时要注意用电安全。实验时,不要去触摸通电器件,特别是裸露导体。

2. 日光灯管与启辉器安装时注意旋转方向与旋转的角度,使接触良好。

3. 测电压可用一只电表分别测量,也可用三个电压表同时测量。由于电压常有波动,用三个电压表同时测更好一些。

4. 使用双踪示波器的两个探头同时进行测量时,必须使两个探头的地线端为同一电位的端点(因示波器的两个探头的机壳地线端是连在一起的),否则测量时会造成短路事故。

5. 由于示波器探头公共端接外壳,而外壳又通过插头与大地相连,而三相电力线路的中线是接大地的,这样探头地线便与电力中线相通了。如果不采用整流变压器,在进行电力电子实验时,若用探头去测晶闸管元件便会烧坏元件或造成短路。因此,通常要将示波器头的接地线折去,或通过隔离变压器对示波器供电。

3.1.6 实验报告要求

1. 根据表 3 - 1 中的数据画出 $\dot{I}$、$\dot{U}$、$\dot{U}_1$ 与 $\dot{U}_H$ 的相量图,并标出它们的大小与相位差。

提示:先画出 $\dot{I}$,作为参考轴,再画出 $\dot{U}_H$;以 $\dot{U}_H$ 相量的尾为圆点,以 $\dot{U}$ 值为半径作圆;再以 $\dot{U}_H$ 相量的箭头作圆心,以 $\dot{U}_1$ 值为半径作圆;此两圆的交点,即 $\dot{U}$ 与 $\dot{U}_1$ 两相量的交点(参见图 3 - 2(b))。

2. 根据实验步骤"3.""4."的记录,在坐标纸上画出 U、U_H 及 U_1 的波形曲线图。

3. 由上述相量图及表 3 - 1 数据,求出镇流器的电阻 R_1 和电感 L_1 的数值,已知供电频率 $f = 50$ Hz。

任务 3.2　调光台灯（阻容移相）电路的应用

3.2.1　实验目的

1. 掌握阻容移相电路的工作原理及其应用。
2. 学会单相交流调压电路（台灯调光电路）的接线与调节。

3.2.2　实验电路与工作原理

1. 如图 3－3（a）所示的 RC 串联电路，在正弦稳态信号 $\dot{U}_i$ 的作用下，$\dot{U}_R$ 与 $\dot{U}_C$ 保持有 90°的相位差（$\dot{U}_C$ 较 $\dot{I}$、$\dot{U}_R$ 滞后 90°）这样，$\dot{U}_i$、$\dot{U}_C$ 与 $\dot{U}_R$ 三者便构成一个直角形的电压三角形。当阻值 R 改变时，$\dot{U}_R$ 的相量轨迹是一个半圆，半圆直径即为 $\dot{U}_i$。若以上电容器上的电压 $\dot{U}_C$ 作为输出电压 $\dot{U}_o$，由图 3－3（b）可见，输出电压 $\dot{U}_o$ 较输入电压 $\dot{U}_i$ 滞后 α 角，$\alpha = \arctan \dfrac{U_R}{U_C} = \arctan \dfrac{R}{X_C} = \arctan(\omega RC)$，因此，当改变 R 的阻值时，即可改变移相角 α，从而达到移相的目的。

阻容移相电路在电子线路及电力电子电路中，经常会遇到。

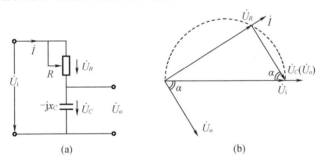

图 3－3　阻容移相电路与电压相量三角形

2. 单相交流调压电路的工作原理

图 3－4 为简易型交流调压电路（家用白炽灯调光常采用此电路）。图中 EL 为白炽灯，VT 为双向晶闸管（BT136），它有第一阳极 T_1、第二阳极 T_2 和门极 G 三个极。当门极与第二个阳极间加一个触发脉冲，VT 将会导通（双向导通）。

图 3－4 中 D 为触发二极管（BD3），它具有对称的双向击穿特性，当电压加到 32 V 左右（BD3 为 32 V），即会击穿导通。图中 RP 为电位器（100 kΩ），C_1 为电容器（1 μF）。

当电路接入 220 V 交流电压 $\dot{U}_2$，经白炽灯分压后，加在 RP 及 C_1 上的交流电压为 $\dot{U}_1$，经阻容移相，使 $\dot{U}_C$ 电压相位较 $\dot{U}_1$ 滞后 α 角（称为控制角），当 $\dot{U}_C$ 电压达到触发二极管击穿电压（32 V）时，将使双向晶闸压电路管导通。白炽灯通电发光。调节电位器 RP，（即调节控制角 α），便可改变双向晶闸管的导通区间（称为导通角 θ），从而调节灯光、亮度。

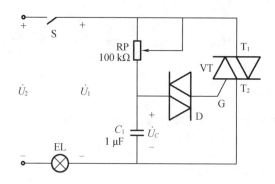

图 3 - 4　交流调压电路(灯光调压电路)

单相交流调压时的电压波形图如图 3 - 5 所示。

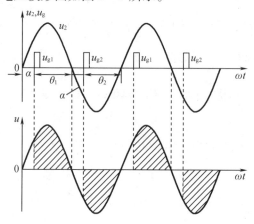

图 3 - 5　单相交流调压电压波形

3.2.3　实验设备

1. 100 kΩ 电位器(RP$_5$ 单元)、1 μF 电容器(C_5 单元)、双向晶闸管(BT136)、触发二极管(BD3)、开关(S2 单元)、220 V/40 W 白炽灯泡。

2. 双踪示波器。

3. 万用表。

3.2.4　实验内容与实验步骤

1. 按图 3 - 4 接线。电源电压 $U_2 = 220$ V。

2. 调节 RP,观察调光效果。

3. 用示波器观察白炽灯电压波形,并记录下白炽灯最亮($\alpha = \alpha_{\min}$)及最暗($\alpha = \alpha_{\max}$)时电压波形图。

4. 测量白炽灯最亮与最暗时的控制角与导通角。

3.2.5　实验注意事项

1. 由于实验供电电压为 220 V,因此实验时要注意用电安全。实验时,不要去触摸通电器件,特别是裸露导体。

2. 使用双踪示波器的两个探头同时进行测量时,必须使两个探头的地线端为同一电位的端点(因示波器的两个探头的机壳地线端是连在一起的),否则测量时会造成短路事故。

3. 由于示波器探头公共端接外壳,外壳又通过插头与大地相连,而三相电力线路的中线是接大地的,这样探头地线便与电力中线相通了。在进行电力电子实验时,若用探头去测晶闸管元件(若不采用整流变压器时),便会烧坏元件或造成短路。因此,通常要将示波器头的接地线折去,或通过隔离变压器对示波器供电。

3.2.6 实验报告要求

1. 画出白炽灯调光电路,若要增加白炽灯亮度调节范围,试提出改进意见与方案。
2. 画出单相交流调压电压波形图($\alpha = \alpha_{\min}$及$\alpha = \alpha_{\max}$时电压波形),并标出α的数值。

任务 3.3 交流电路功率与功率因数的测量及提高功率因数方法的研究

3.3.1 实验目的

1. 掌握交流功率表及功率因数表的接线与使用。
2. 以日光灯线路为例,研究提高功率因数的方法与意义。

3.3.2 实验电路与工作原理

1. 本实验是在任务 3.1 中光灯电路基础上进行的,其电路如图 3-6 所示。

由图 3-6 可见,除了电压表、电流表以外,电路中还有一个交流功率表和一个功率因数表。功率表有两个输入口,其中一个是电压输入口,它与电路并联;另一个是电流输入口,它与电路串联。这两个输入口带有 * 号的端点,称为"电源端",要求它接在靠电源一侧,如图 3-6 所示,功率因数表的接法与功率表的接法相同。

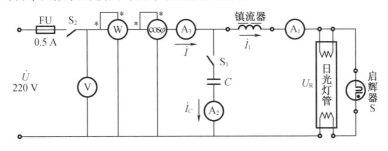

图 3-6 交流电路功率及功率因数的测量

2. 图 3-6 所示电路,对日光灯电路而言是电阻与电感串联电路,但并联补偿电容 C 后,则电容 C 与 R_L 电路是并联电路。这时画电压、电流相量图,应以电压 $\dot U$ 作为参考轴。此时的相量图如图 3-7 所示。

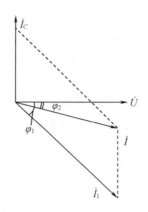

图 3 - 7　并联补偿电容 C 后电压、电流相量图

由图 3 - 7 可见，$\dot{I} = \dot{I}_1 + \dot{I}_C$。由于电容电流对电感性电流有补偿作用，因此相位角减小（$\varphi_2 < \varphi_1$），功率因数提高，（$\cos\varphi_2 > \cos\varphi_1$），总电流减小，（$I < I_1$），这表明负载从电源取用的电流将减小，这样，线路能量损耗将减少，同时占用电源（如电力变压器）的容量也将减小，这就是提高功率因数的积极意义。

3.3.3　实验设备

1. 数字电压表、电流表、交流功率表及功率因数表。

2. 1.5 μF 电容（C_9 单元）、2.0 μF 电容（C_{10} 单元）、4.0 μF 电容（C_{11} 单元）、8 W 灯管、启辉器、镇流器、开关、熔断器（FU 单元）。

3. 万用表。

3.3.4　实验内容与实验步骤

1. 按图 3 - 6 所示电路接线。

2. 分别按电容 $C = 0$（不接电容器）、$C = 1.5$ μF、$C = 2.0$ μF、$C = 4.0$ μF 四种情况，读取电压 U、电流 I_1、I_C 和总电流 I，以及功率 P 和功率因数 $\cos\varphi$，并计算出相位角 φ，所有数据列入表 3 - 2 中。

表 3 - 2　提高线路功率因数实验数据

补偿电容 $C/\mu F$	总电压 U/V	总电流 I/A	日光灯电流 I_1/A	电容器电流 I_C/A	功率 P/W	功率因数 $\cos\varphi$	相位角 φ
0							
1.5							
2.0							
4.0							

3.3.5　实验注意事项

1. 由于实验供电电压为 220 V，因此实验时要注意用电安全。实验时，不要去触摸通电器件,特别是裸露导体。

2. 日光灯管与启辉器安装时注意旋转方向与旋转的角度,使接触良好。

3. 对功率表(及功率因数表)接线时,要特别注意将电压输入口和电流输入口的电源端(带 * 端)接在一起,并接在靠电源的一侧,而不是靠负载的一侧。

4. 更换补偿电容时,要先将电容两端用导线短接放电,否则电容存的电能(电压可能高达 220 V $\sqrt{2}$,即 311 V)会对人造成伤害。变电所的补偿电容柜通常都装有电容断电放电装置。

3.3.6 实验报告要求

1. 根据表 3-2 所列数据,分别画出接不同容量的电容器时(四种情况)的相量图。

2. 由上述四个相量图,分析并接不同容量的电容器对线路总电流(大小与相位)的影响。

3. 阐述提高功率因数的方法和意义。

任务 3.4 R、L、C 元件在交流电路中的阻抗与频率特性的研究与应用

3.4.1 实验目的

1. 测定电阻(R)、感抗(X_L)、容抗(X_C)与供电频率 f 间的关系。

2. 掌握信号发生器、频率计的使用。

3.4.2 实验电路与工作原理

1. R、L、C 元件的阻抗与信号频率间的关系(频率特性)

(1)电阻 R:$\dfrac{\dot{U}_R}{\dot{I}_R} = R\angle 0°$,阻值 R 与频率 f 无关。

(2)电感 L:$\dfrac{\dot{U}_L}{\dot{I}_L} = jX_L = X_L\angle 90°$,$X_L = 2\pi f L$,$\varphi = 90°$,感抗 X_L 与频率 f 成正比,相位差为 $+90°$。

(3)电容 C:$\dfrac{\dot{U}_C}{\dot{I}_C} = -jX_C = X_C\angle -90°$,$X_C = \dfrac{1}{2\pi f C}$,$\varphi = -90°$,容抗 X_C 与频率 f 成反比,相位差为 $-90°$。

R、X_L 与 X_C 的频率特性如图 3-8 所示。

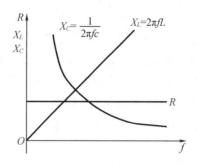

图 3 – 8 R、X_L 与 X_C 的频率特性

2. 实验电路如图 3 – 9 所示。

图 3 – 9 中的信号发生器附带有频率计,可显示输出信号的频率。图中 r 为标准电阻(此处用单元 R_3 中的 330 Ω 精密金属膜电阻),图 3 – 9 中 Z 为 R(或 L 或 C 等)被测元件。由于 r 与 Z 串联,电流相同,因此分压公式为

$$\frac{U_Z}{U_r} = \frac{Z}{r}, \text{于是有 } Z = \frac{U_Z}{U_r} \times r \tag{3-1}$$

式中 U_Z 与 U_r 为毫伏表读数。如今已知 $r = 330\ \Omega$,由式(3 – 1)即可求得 Z 的大小。

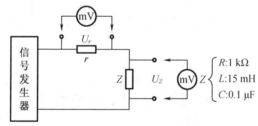

图 3 – 9 R、X_L 与 X_C 的频率特性测试电路

3.4.3 实验设备

1. 信号发生器(含频率计)、交流毫伏表(或数字电压表)。

2. 330 Ω 电阻(R_3 单元)、1 kΩ 电阻(R_4 单元)、15 mH 电感(L_1 单元)、0.1 μF 电容(C_3 单元)。

(3)万用表。

3.4.4 实验内容与实验步骤

1. 按图 3 – 9 所示电路接线,以单元 1 kΩ 电阻作被测元件。调节信号发生器输出电压使用有效值 $U_i = 1.0$ V,并保持不变,用交流毫伏表分别测量出频率为 0.5 kHz、1.0 kHz、3.0 kHz、6.0 kHz、8.0 kHz、10 kHz、15 kHz 和 20 kHz 时 r 与 Z(此处为 R)上的电压 U_r 与 U_R;记录于表 3 – 3 中,并由式 $R = \dfrac{U_R}{U_r} \times 330\ \Omega$,算出 R,填于表中。

表3-3 电阻 R 的频率特性

项目	f/kHz							
	0.5	1.0	3.0	6.0	8.0	10	15	20
U_r/mV								
U_R/mV								
R/Ω								

2. 将被测元件换成电感 $L(L = 15 \text{ mH})$，重做上述实验。

表3-4 电感 L 的频率特性

项目	f/kHz							
	0.5	1.0	3.0	6.0	8.0	10	15	20
U_r/mV								
U_L/mV								
感抗 X_L/Ω								

3. 将被测元件换成电容器 $C(C = 0.1 \text{ μF})$，重做上述实验。

表3-5 电容 C 的频率特性

项目	f/kHz							
	0.5	1.0	3.0	6.0	8.0	10	15	20
U_r/mV								
U_C/mV								
容抗 X_C/Ω								

3.4.5 实验注意事项

1. 毫伏表读数时要特别注意量程的选择。当测量输入信号(1.0 V)时，要选 1.0 V 挡，当电压较小时，可选择 100 mV 挡。

2. 由公式(3-1)求取被测元件阻抗值，是采取比较的方法，可减少仪表精度及读数带来的误差。

3.4.6 实验报告要求

根据表3-3～表3-5所列数据，以信号频率 f 为横坐标，分别以 R、X_L 和 X_C 为纵坐标，画出电阻 R，电感 L 及电容 C 三种元件的阻抗频率特性曲线 $R = f(f)$，$X_L = f(f)$ 及 $X_C = f(f)$。

任务 3.5　RC 网络频率特性的测定与研究

3.5.1　实验目的

1. 加深理解频率特性的概念及其应用。
2. 掌握幅频特性的测定方法。
3. 理解"高通""低通""带通"滤波器幅频特性的特征及其特征参数。

3.5.2　实验电路与工作原理

对线性元件(或线性电路),如图 3 − 10(a)所示 RC 电路,当输入的信号为稳态正弦量时,则其输出的信号也将是稳态正弦量,但通常其幅值与相位将发生变化,如图 3 − 10(b)所示。幅值的放大倍数 A 将随着频率 f(或角频率 ω,ω = 2πf)的不同而变化,即 A 是 f(或 ω)的函数,记以 A(ω),称它为幅频特性,如图 3 − 11(a)所示;相位的变化值为 φ,它通常也是 f(或 ω)的函数,记以 φ(ω),称它为相频特性,如图 3 − 11(b)所示。两者合在一起,称为幅相频率特性,简称频率特性,通常用 A(ω) ∠ φ(ω) 来表示。

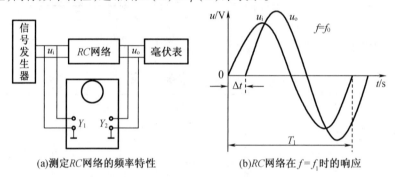

(a)测定 RC 网络的频率特性　　　(b)RC 网络在 f = f₁ 时的响应

图 3 − 10　测定 RC 网络的频率特性

频率特性又称频率响应,它表征了该元件(或该系统)对不同频率的响应,它们是电子电路、声、视产品的重要技术指标;频率特性也是经典控制理论中,分析自动控制系统的性能(稳定性、稳态性能和动态性能)的重要方法。

本实验电路如图 3 − 10(a)所示。

在图 3 − 10(a)中,由信号发生器(含频率计)对 RC 网络输入不同频率的正弦信号,由双踪示波器测量输入和输出的电压波形,图 3 − 10(b)为频率 f = f₁(T = T₁)时的输入 u_i 和输出 u_o 电压波形,由图可得 f = f₁(或 ω = ω₁)时的 U_{oPP} 和 U_{oPP},其放大倍数(又称增益)

$$A(\omega_1) = \frac{U_{oPP}}{U_{iPP}} \tag{3 − 2}$$

其相位差

$$\varphi(\omega_1) = \frac{\Delta t}{T} \times 2\pi(\text{rad}) = \frac{\Delta t}{T} \times 360° \tag{3 − 3}$$

改变频率 f,即可得到一系列的 A(ω₁)、A(ω₂)、……、A(ωₙ),采取逐点描绘法,获得如图 3 − 11 所示的幅频特性 A(ω) 和相频特性 φ(ω)。

在实际应用中(如工厂和实验室),可使用频率特性测量仪(如 BT6 频率特性仪),能直接显示并打印出该元件(或该系统)的频率特性。此外,还有专用的软件(如 MATLAB 软件),可进行实际电路仿真,直接得出频率特性(频率响应)及时间响应。

本实验中测定幅频特性,主要使用交流毫伏表。

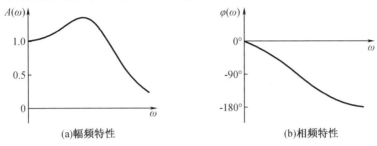

(a)幅频特性   (b)相频特性

图 3 – 11   *RC* 网络的频率特性

3.5.3   实验设备

1. 函数信号发生器(含频率计)、交流毫伏表。

2. 1 kΩ 电阻(R_4 单元)、0.022 μF 电容(C_2 单元)、0.1 μF 电容(C_3 单元)、15 mH 电感(L_1 单元)。

3. 双踪示波器。

4. 万用表。

3.5.4   实验内容与实验步骤

1. 高通滤波器的幅频特性

实验电路如图 3 – 12(a)所示,其中 R = 1 kΩ,C = 0.022 μF。输入端口接信号发生器,输出端口接交流毫伏表。

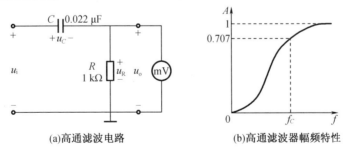

(a)高通滤波电路   (b)高通滤波器幅频特性

图 3 – 12   高通滤波电路及其幅频特性

调节信号发生器,使激励信号 U_i 的有效值 U_i = 1.0 V,并保持不变。调节信号发生器的输出频率,如表 3 – 6 所示,从 0.5 kHz 逐次增至 20 kHz,用交流毫伏计测量输出电压幅值,所有数据记录在表 3 – 6 中。

表3-6　高通滤波器的频率特性实验数据

项目	f/kHz							
	0.5	1.0	3.0	6.0	8.0	10	15	20
U_i/mV								
U_o/mV								
$A = U_o/U_i$								

图3-12(b)为高通滤波器幅频特性$A(\omega)$[或$A(f)$]曲线,对应$A = 1/\sqrt{2} = 0.707$的频率f_c称为截止频率,可以证明,本实验中用RC网络组成的高(低)通滤波器的截止频率$f_c = \dfrac{1}{2\pi RC}$。

2. 低通滤波器的幅频特性

实验电路如图3-13(a)所示,其中$R = 1\ \text{k}\Omega$,$C = 0.022\ \mu\text{F}$,$U_i = 1.0\ \text{V}$,不难发现,此电路即图3-12(a)电路中由电容C端口输出的情况。实验步骤与"1."相同,数据记录在表3-7中。

表3-7　低通滤波器的频率特性实验数据

项目	f/kHz							
	0.5	1.0	3.0	6.0	8.0	10	15	20
U_i/mV								
U_o/mV								
$A = U_o/U_i$								

图3-13(b)为低通滤波器的幅频特性$A(\omega)$[或$A(f)$]。

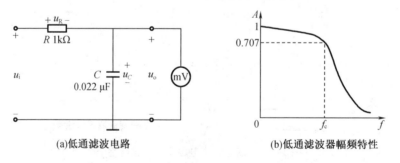

(a)低通滤波电路　　　　　　　　(b)低通滤波器幅频特性

图3-13　低通滤波电路及其幅频特性

3. 带通滤波器频率特性

图3-14(a)为带通滤波器频率特性,图中$R = 1\ \text{k}\Omega$,$L = 15\ \text{mH}$,$C = 0.1\ \mu\text{F}$。实验步骤与"1."相同,数据记录在表3-8中。

表 3－8　带通滤波器频率特性实验数据

项目	f/kHz							
	0.5	1.0	3.0	6.0	8.0	10	15	20
U_i(mV)								
U_0(mV)								
$A = U_0/U_i$								

图 3－14(b)为带通滤波器幅频特性 $A(\omega)$［或 $A(f)$］。

图 3－14(b)中对应 $A = 1/\sqrt{2} = 0.707$ 的 f_{c1} 称为下限截止频率，f_{c2} 称为上限截止频率，图中 $f_{c2} - f_{c1} = BW$，称为通频带。

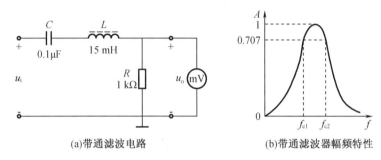

(a)带通滤波电路　　　(b)带通滤波器幅频特性

图 3－14　带通滤波电路及其幅频特性

在实验中，同时用双踪示波器观察 U_i 与 U_0 幅值随频率变化的情况，并与毫伏表读数进行对照。

3.5.5　实验注意事项

使用毫伏表时，要注意量程的选择。指针在 60% ~ 80% 满刻度时，精度最高。（指针偏转太小，读不准；太大，会超量程）

3.5.6　实验报告要求

根据以上 3 个实验的实验数据，在坐标纸上，以频率 f 为横轴、增益 A 为纵轴，分别画出高通滤波器、低通滤波器及带通滤波器的幅频特性(3 个图)。

任务 3.6　R、L、C 串联谐振电路的研究

3.6.1　实验目的

1. 理解电路发生谐振的条件与特点。
2. 掌握电路品质因数(Q 值)、通频带的测定方法，理解它们的物理含义及实际应用。
3. 学会分析不同 Q 值下的幅频特性。

3.6.2 实验电路与工作原理

1. R、L、C 串联电路形成谐振的条件

图 3 – 15 为 R、L、C 串联电路。图中 R 为 100 Ω 电位器、$C = 1$ μF、$L = 100$ mH。在前面的实验中,已对 R、X_L 和 X_C 的频率特性进行测试分析。现在在图 3 – 15 的基础上,再对 R、L、C 串联电路进行分析。

由图 3 – 15 可知,电路的总阻抗和电流

$$Z = \sqrt{R^2 + (X_L - X_C)^2} \tag{3-4}$$

$$I = \frac{U_i}{Z} = \frac{U_i}{\sqrt{R^2 + \left(\omega L - \frac{1}{\omega C}\right)^2}} \tag{3-5}$$

于是在图 3 – 15 的基础上,可画出 $(X_L - X_C)$ 的曲线和 Z 的曲线。如图 3 – 16 所示,若 U_i 为恒值,则 Z 的倒数乘以 U_i 即为电流的曲线。

由图 3 – 16 不难发现,当 $X_L = X_C$ 时,$Z = R$,阻抗为最小,电流为最大,电路呈电阻性。这种情况称为串联谐振(又称电流谐振)。串联谐振的条件是:

$$\omega L = \frac{1}{\omega C}, \text{即 } \omega = \frac{1}{\sqrt{LC}} = \omega_0 \text{ 或 } f_0 = \frac{1}{2\pi\sqrt{LC}} \tag{3-6}$$

此时的 ω_0 称为谐振角频率,f_0 称为谐振频率,谐振时的电流 I_0 为最大,

$$I_0 = \frac{U_i}{R} \tag{3-7}$$

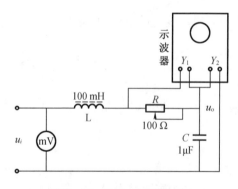

图 3 – 15　R、L、C 串联电路

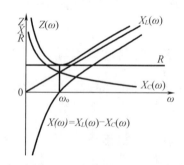

图 3 – 16　R、L、C 串联电路阻抗的幅频特性

2. 电路品质因数 Q 及其物理含义

电路的品质因数 Q 定义为

$$Q = \frac{\omega_0 L}{R} \tag{3-8}$$

品质因数 Q 的含义:

(1)若 $Q > 1$ 时,谐振时,电感(或电容)上的电压(输出电压 U_o)即电抗上的电压为输入电压的 Q 倍。Q 值越高,则放大的倍数越大。

$$U_o = U_C = U_L = \omega_0 LI = QRI = QU_i$$

（2）由式（3-5）、式（3-7）和式（3-8）可得

$$\frac{I}{I_0}=\frac{R}{U_i}\times\frac{U_i}{\sqrt{R^2+\left(\omega L-\frac{1}{\omega C}\right)^2}}=\frac{1}{\sqrt{1+Q^2\left(\frac{\omega}{\omega_0}-\frac{\omega_0}{\omega}\right)^2}} \tag{3-9}$$

由式（3-9）根据不同的 Q 值，可得一簇电流谐振曲线，如图3-17所示。

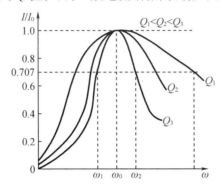

图3-17　R、L、C 串联电路电流的幅频特性

对应 $\frac{I}{I_0}=\frac{1}{\sqrt{2}}=0.707$ 的角频率 ω_1 和 ω_2，称为下限角频率和上限角频率，$(\omega_2-\omega_1)$ 称为通频带。

通频带相对 ω_0 的值 $\left(\frac{\omega_2-\omega_1}{\omega_0}\right)$ 称为相对通频带。可以证明：相对通频带与品质因数成反比，即

$$\frac{\omega_2-\omega_1}{\omega_0}=\frac{1}{Q} \tag{3-10}$$

由式（3-10）可见，品质因数愈高，则相对通频带愈窄，电路的选择性就愈好。对收音机而言，调谐电路的选择愈好，则杂音愈小。

3.6.3　实验设备

1. 函数信号发生器（含频率计）、交流毫伏表、双踪示波器。
2. 100 Ω 电位器（RP$_1$ 单元）、1 μF 电容（C$_4$ 单元）、100 mH 电感（L$_2$ 单元）。
3. 万用表。

3.6.4　实验内容与实验步骤

1. 按图3-15所示电路接线。
2. 调节信号发生器，使输出电压的有效值 $U_i=1.0$ V。
3. 为提高实验的有效性，先计算该电路的谐振频率。

$$f_0=\frac{1}{2\pi\sqrt{LC}}=\frac{1}{2\pi\sqrt{100\times10^{-3}\times1\times10^{-6}}}=503.3\text{ Hz}$$

然后以 f_0 为中心，上下扩展选取的频率如表3-9所示。根据不同频率的输入信号，从低到高，依次用交流毫伏表测量电阻与电容上的电压，或用双踪示波器读取电阻与电容上

的电压(取峰 – 峰)并记录于表 3 – 9 中。由电阻、电压值,可算出电流有效值,填入表 3 – 9 中。若用电阻、电压的峰 – 峰值计算,则 $I = \dfrac{1}{2\sqrt{2}} \cdot \dfrac{U_{RPP}}{R}$。

表 3 – 9 R、L、C 串联谐振电路实验数据

$R = 100\ \Omega$

项目	频率 f/Hz								
	100	300	490	500	(f_0)	600	650	800	1 000
U_i/V									
U_R/V									
U_C/V									
I/mA									

4. 调节电位器 RP1,使 $R = 20\ \Omega$(用万用表量)重做上述实验,并将有关数据填入表 3 – 10 中。

表 3 – 10 R、L、C 串联谐振电路实验数据

$R = 20\ \Omega$

项目	频率 f/Hz								
	100	300	490	500	(f_0)	600	650	800	1 000
U_i/V									
U_R/V									
U_C/V									
I/mA									

注:虽然由公式计算出了谐振频率,但由于 L 与 C 的量值有误差,计算的值仅作参考。实验时,应在 503 Hz 附近,找到真正的谐振频率 f_0,即 U_R 最大时(亦即电流最大时)对应的频率,并将此数值填于表 3 – 9 和表 3 – 10 的 f_0 栏中。

3.6.5　实验注意事项

1. 双踪示波器二个探头的公共端要接电路中的同一点。

2. 由于选取的频率有多种,其对应的周期 $T(\mathrm{ms})$ 变化也较大,为准确读数,应分别调整示波器时间坐标(横坐标)的分度值(每格时间值),并正确读数(T 及 Δt)。

3. 由于输出幅值变化也比较大,所以为准确读数,也要根据幅值大小,适当调节示波器纵轴倍率。并正确读数(U_{oPP} 及 U_{iPP})。

3.6.6　实验报告要求

1. 以 $R = 100\ \Omega$ 和 $R = 20\ \Omega$,两种情况,在同一个坐标纸上,以频率 f 为横轴,以电流为

纵轴,画出两根电流谐振曲线 $I_1(f)$ 和 $I_2(f)$。

2. 从 $I_1(f)$ 和 $I_2(f)$ 求得 $R = 100\ \Omega$ 和 $R = 20\ \Omega$ 两种情况时的通频带 $BW = (f_2 - f_1)$。

3. 计算 $R = 100\ \Omega$ 和 $R = 20\ \Omega$ 两种情况电路的品质因数 Q_1 和 Q_2。

由于电路的实际电阻除了电位器 RP1 的阻值 R 外,还应加上电感线圈的电阻 R_L,用万用表可以测出 R_L,此时电路总电阻为 $(R + R_L)$。此时总电阻上的电压应修正为 $U'_R = \dfrac{R + R_L}{R} U_R$。

电路的品质因数 $Q = \dfrac{X_{LO}}{R + R_L} = \dfrac{X_{CO}}{R + R_L} = \dfrac{U_{CO}}{U_{RO}}$。

上式中,X_{LO}、X_{CO}、U_{CO}、U_{RO} 为电流谐振时的感抗、容抗及电抗、电阻的电压值。

4. 由两根电流幅频特性曲线 $I_1(f)$ 和 $I_2(f)$,分析两种情况的选择性及其电感线圈的输出电压。

任务 3.7 电度表(感应式仪表)的检定

3.7.1 实验目的

1. 掌握电度表的接线方法及使用。
2. 学会用电度表来测定用电器的功率。
3. 学会电度表的检定方法。

3.7.2 实验电路与工作原理

1. 感应式电度表的工作原理

(1)电度表的主要组成部分(参见实物)

①驱动元件:是产生交变磁场的基本部件,由很细的导线绕在铁芯上的电压线圈(细而多,其额定电压 220 V)和用较粗的导线绕在另一铁芯上的电流线圈组成(粗而少,其额定电流,家用为 20 A、30 A),两块电磁铁上下排列,铝盘在它们之间。

②转动元件:是一个铝制圆盘(转盘),驱动电磁铁的交变磁通穿过铝盘,在盘中就会感应生成电流。由于特定的空间磁场分布,使铝盘中的感应电流与磁场互相作用,产生转动力矩。

③制动元件:由永久磁铁担任,其作用是在铝盘转动时产生制动矩(类似于指示仪表中的反作用力矩),可以证明,铝盘的转速与负载的功率成正比。

④积算机构:由一系列齿轮组成,用以直接进行记录电能读数,所以一般称计度器。

(2)电度表的工作原理

当电压线圈加有电压,电流线圈通有电流时,电流线圈产生的交变磁场,在铝盘中形成感生电流(涡流),此涡流在电压线圈产生的磁场作用下,将产生电磁转矩,使铝盘转动。铝盘在电磁转矩的作用下,会加速旋转。为此在铝盘受力的另一边,放一个马蹄形的(制动)永久磁铁。铝盘在其中转速愈快,则铝盘切割永久磁铁磁力线的速度也愈快,产生的另一个感生电流(也是涡流)也愈大,它在永久磁铁磁场作用下,产生的力矩与转向相反,形成制动转矩。铝盘转速愈快,制动转矩愈大,最后与原动转矩达到平衡,使铝盘匀速转动。铝盘的稳定转速的大小,主要取决于电路电流的大小(因一般供电电压变化不大)。

电路取用的功率 P 愈大(电流愈大),则铝盘转速愈快;用电的时间 t 愈长,则累计的转数就愈多,与铝盘联动的齿轮计数器转动的计数值就越大,此数值是用户消耗的电能 $W(W = \int p\mathrm{d}t)$。

电度表上标明的每千瓦时(度)铝盘的转数,称为电度表常数 N,表示方式为 $N = \times \times \times$ × 转/千瓦时 r/(kW·h)。

2. 电度表的技术指标

(1)准确度

电度表的准确度也就是电度表常数的误差,本实验中,电度表可在下表额定电流的不同百分比下测定准确度数。单相电度表误差检定如表 3-11 所示。

表 3-11 单相电度表误差检定

负载电流(标定电流的百分数)/%	cos φ	基本误差/%
5~10	1.0	±2.5
10~100	1.0	±2.0

(2)灵敏度

灵敏度是指电度表在额定电压、额定频率及 cos φ = 1 的条件下,调节负载电流从零均匀增加,直到铝盘开始不停地转动为止。能使电度表不停转动的电流与标定电流的百分比称电度表的灵敏度。此指标说明了电度表的装配质量与轴承摩擦力大小。一般电度表规定灵敏度应小于 0.5% 标定电流。本实验中的电度表为特制的,其标定电流为 0.5(2)A,它的含义是电度表按 0.5 A 整定,允许通过的电流为 2 A。因此实验校验应按 0.5 A 整定。

(3)潜动

潜动是指负载等于零时,电度表铝盘仍会缓慢转动的情况,按规定无负载电流时,负载电压为标定值的 110% 时,电度表转盘的转动不超过一整转为合格。

3. 电度表检定方法

电度表检定误差方法可用标准电度表对比法或功率表法(又称瓦-秒法)。本实验中采用后者,当用瓦-秒法检定时应保持功率 P(W)不变,这样在 t 秒时间内消耗电能 $W = Pt$,若在 t 秒时间内知道电度表转数为 n,则被测电度表常数为 $N' = \dfrac{3\,600\,n}{Pt \times 10^{-3}}$,$\Delta N = N' - N$。

式中 N 为电度表标明的电度表常数,N' 为实测的电度表常数。

实验测试线路如图 3-18。

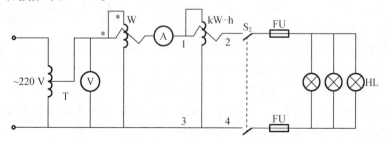

图 3-18 电度表接线图

图中 T 为调压器;W 为数字功率表(作为校验仪表使用),kW·h 为单相电度表,其接线一般为 1、3 端进线(3 接中线),2、4 为出线;V 为数字电压表、A 为数字电流表,S 为双刀单掷开关,FU 为熔断器,HL 为 3 只 220 V、40 W 白炽灯。

3.7.3 实验设备

1. 单相调压器(带数字电压表),来调节输出电压,数字电压表、电流表及交流数字功率表、单相电度表及可变电阻箱。

2. 双刀单掷开关(单元 SB2),熔断器(单元 FU),220 V、40 W 白炽灯(单元 HL1)3 只,可变电阻。

3. 万用表。

3.7.4 实验内容与实验步骤

1. 按图 3 - 18 接好线路,选定电表适当量程,负载用 220 V、40 W 白炽灯泡三只并联。

2. 电压调至 220 V 保持不变,并读取 P、U 及 I,观察电度表,当铝盘边上黑色标志正对前面时开始计时并对铝盘转数计数,计数量可自由选定,如 10 转、20 转或 50 转。一般来说,由于电网电压波动影响,计数较多可平均电压波动对铝盘转速影响。

3. 将白炽灯改成二灯串接法,重复测量。

4. 保持电源电压为 220 V,与白炽灯再串联大阻值可变电阻,当电阻逐渐变小时,观察电度表铝盘开始不停转动时的电流值,计算灵敏度。

5. 电源电压调至电度表额定电压的 110%,断开负载,观察铝盘是否转动,检定电度表潜动是否合格。所有数据记入表 3 - 12 中。

表 3 - 12   电度表检定结果

实验电度表常数 N = _____

负载电流(额定电流百分数)	U/V	P/W	I/A	$n/$转	$t/$秒	N'	N	ΔN
( )% I_H								
( )% I_H								
灵敏度	% I_H			潜动情况(% U_H)				

3.7.5 实验注意事项

1. 由于电路电压为 220 V,实验时要注意安全,接线时,必须断开电源;拆线时必须"先断电后拆线"。

2. 40 W 白炽灯,当加上额定电压后,玻璃泡表面温度很高,小心避免皮肤触及。

3. 铝盘计数以黑色标记出现起始记数。

3.7.6 实验报告要求

根据表 3 - 12 数据,得出单相电度表的技术指标参数。

任务 3.8　三相负载星形连接

3.8.1　实验目的

1. 掌握三相四线制电源线电压与相电压间的幅值关系与相位关系。
2. 掌握三相四线制负载平衡与不平衡时,相电流与中线电流的关系。
3. 加深理解三相四线制中线的作用。

3.8.2　实验电路与工作原理

1. 三相电源的特点

(1) A、B、C 三相电压在相位上互差 $120°$(时间上互差 $\dfrac{T}{3}$)。

(2) 线电压 U_1 为相电压 U_p 的 $\sqrt{3}$ 倍,即 $U_1 = \sqrt{3}\,U_p$。在我国,三相交流低压供电系统中,相电压 $U_p = 220$ V,线电压 $U_1 = \sqrt{3}\,U_p = \sqrt{3} \times 220 = 380$ V,本实验装置为安全起见,将电压降了一个等级($\dfrac{1}{\sqrt{3}}$),即相电压 $U_p = \dfrac{1}{\sqrt{3}}U_1 = \dfrac{1}{\sqrt{3}} \times 220 = 127$ V,$U_1 = 220$ V。这一点请读者要特别注意。

(3) 线电压 U_1 较对应的相电压 U_p($\dot{U}_{AB}$ 较 $\dot{U}_A$、$\dot{U}_{BC}$ 较 $\dot{U}_B$、$\dot{U}_{CA}$ 较 $\dot{U}_C$)超前 $30°$。相量图如图 3 – 19 所示。

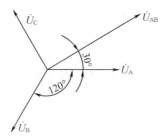

图 3 – 19　线电压与相电压的相量图

2. 三相四线制供电线路

如图 3 – 20 所示。

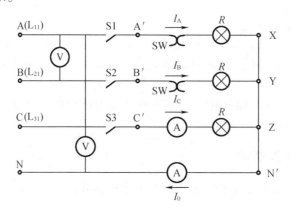

图 3 – 20　三相四线供电电路

中线电流 $\dot{I}_0 = \dot{I}_A + \dot{I}_B + \dot{I}_C$，为三相电流的相量和。

3.8.3 实验设备

1. 三相交流电源(三相电源单元)。
2. 交流电压表 2 只、交流电流表 3 只(交流仪表单元)。
3. 灯座 3 只(HL$_1$ 单元)、15 W/220 V 白炽灯泡 3 只、40 W/220 V 白炽灯泡 1 只、电流插座 2 只(SW 单元)、开关 2 个(SB$_1$ 单元、SB$_2$ 单元)。
4. 万用表。
5. 双踪示波器。

3.8.4 实验内容与实验步骤

1. 按图 3-20 完成接线，其中 S1 和 S2 用 SB$_2$ 单元中的双刀开关代替，S3 采用 SB$_1$ 单元中的钮子开关，白炽灯采用 15 W/220 V 灯泡，由于实验装置相电压为 127 V，所以亮度较暗，但能保证由于中线断线产生中性点位移造成相电压过高时，不会烧坏灯泡。由于装置中交流数字电流表仅有 3 个，所以在 A 相与 B 相采用二个电流表插座 SW，共用一个电流表；2 只电压表分别测量相电压 U_A 与线电压 U_{AB}。

2. 测量三相电源电压的幅值及其相位

(1)用双踪示波器以 u_B 为参考波形，分别测量 u_A 与 u_B 电压、u_B 与 u_C 电压的波形，读出它们的最大值，记录它们的周期 T 及它们之间的相位差 φ(由时间换算成电角)(下同)。

(2)用双踪示波器测量线电压与相电压的幅值与相位差。在图 3-20 中，以 A 点为公共端，同时测量 u_{BA} 与 u_{NA}，将它们的波形倒相，即为 u_{AB} 与 u_A，测出它们的最大值与相位差。

3. 测量三相负载在有中线和无中线(中线因故障断开)时，负载对称和不对称情况下，负载相电压 U_A、U_B、U_C 与相电流 I_A、I_B、I_C 和中线电流 I_N 以及中性点位移电压 $U_{NN'}$，记录在表 3-13 中。

表 3-13 负载星形连接实验数据

中线连接	每相灯功率/W			负载相电压/V			负载电流/A			中线电流/A	中性点电压/V	灯亮度比较		
	A	B	C	$U_{AN'}$	$U_{BN'}$	$U_{CN'}$	I_A	I_B	I_C	I_N	$I_{NN'}$	A	B	C
有	15	15	15											
	15	40	15											
	15	断开	15											
无	15	15	15											
	15	40	15											
	15	断开	15											
	15	短路	15											

由以上实验数据表明,在三相四线制供电线路中,中线是不允许断开的,更不允许在中线上加熔断器。

3.8.5 实验注意事项

1. 本装置中三相 380/220 V 交流电源经隔离变压器后,以 220/127 V 低压供电。但仍然高于人体在一般条件下所能承受的安全电压 36 V,要求实验人员严格遵守电工实验安全操作规程,防止发生触电事故。

2. 以 220/127 V 低压供电,确保不对称负载在中线断开时相电压偏高不会烧坏用电器。

3.8.6 实验报告要求

1. 根据双踪示波器的观察结果,画出三相电源相电压的波形图(注明幅值与相位差的大小),画出 u_{AB} 及 u_A 的波形图,并在此基础上画出它们的相量图。

2. 由表 3 - 13 的实验数据,画出负载对称时,三相负载相电压与负载相电流及中线电流的相量图。

3. 由表 3 - 13 的实验数据,分析负载不对称时三相四线制供电系统中线断开后所产生的严重后果,说明注意事项。

任务 3.9 三相负载三角形连接

3.9.1 实验目的

掌握三相负载三角形(△形)接法时,以及负载相电压与线电压间的关系,负载相电流与线电流间的关系。

3.9.2 实验电路与工作原理

三相负载采用△形接法,每相负载的电压、电流用有效值 U_p 和 I_p 表示,供电线路的线电压和线电流用有效值 U_l 和 I_l 表示,当负载对称时,有

$$U_p = U_l, I_l = \sqrt{3} I_p$$

负载不对称时,只有 $U_p = U_l$ 成立,而 $I_l = \sqrt{3} I_p$ 则不成立。

实验电路如图 3 - 21 所示。

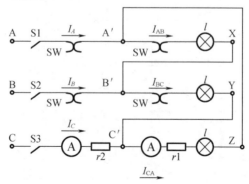

图 3 - 21 三相负载的三角形接法

3.9.3 实验设备

1. 三相可调电源线电压 220 V。
2. 交流电压表 3 只,交流电流表 3 只。
3. 取样电阻 0.5 Ω 2 个(R_7 单元及可变电阻箱)、电流插座 4 个(SW 单元)、15 W/220 V 灯泡 3 个、40 W/220 V 灯泡 1 个、灯座 3 个、开关 SB₁(钮子开关) SB₂(双刀开关)。
4. 万用表。
5. 双踪示波器。

3.9.4 实验内容与实验步骤

1. 按图 3-18 完成接线,图中三相电源线电压为 220 V,其中 S1 和 S2 用单元 SB₂ 中的双刀开关代替,S3 采用 SB₁ 中的钮子开关,L 为 15 W/220 V 灯泡,由 3 只灯泡组成的对称负载,从电源 A、B、C 端引出三根端线经过开关接到负载 A′、B′、C′ 端。

为测量线电流和相电流波形,在线电路和相电路中各串入一个取样电阻 r(r 取 0.5 Ω),其中一个由单元 R_7(0.1 Ω 与 0.4 Ω 串联)获得,另一个由可变电阻箱获得。由于交流电流表仅三只,所以 B 线、A 线及 B 相、A 相电流公用一只电流表,通过电流插座 SW 来轮换接入。

2. 合上开关 S₁、S₂、S₃,读取三相线电流、线电压以及相电流的电流值,记录在表 3-14 中。
3. 用双踪示波器测量取样电阻 r_2 上的电压波形(对应线电流 I_C 的波形)和取样电阻 r_1 上的电压波形(对应 C′A′ 中的相电流 I_{CA} 的波形),注意两个探头的公共点为 C′ 点。
4. 断开三相开关,将 B 相灯泡换成 40 W/220 V,形成不对称三相负载。合上三相开关,读取三相线电流、线电压及相电流的电流值,记录在表 3-14 中。
5. 断开三相开关,将 B 相开路。重新合上三相开关,读取三相线电流、线电压及相电流的电流值,记录在表 3-14 中。

表 3-14 三相负载三角形接法时的电压与电流

每相灯功率/W			负载线、相电压/V			负载线电流/A			负载相电流/A		
A	B	C	U_A	U_B	U_C	I_A	I_B	I_C	I_{AB}	I_{BC}	I_{CA}
15	15	15									
15	40	15									
15	断开	40									0

3.9.5 实验注意事项

在本装置中三相电源 380 V/220 V 交流电经隔离变压器后,以 220 V/127 V 低电压供电。但仍然高于人体在一般条件下所能承受的安全电压 36 V,要求实验人员严格遵守电工实验安全操作规程,防止发生触电事故。

3.9.6 实验报告要求

1. 由图 3-21 及表 3-14 实验数据,画出负载三角形接法时,相电压与线电压、线电流与相电流的相量图。

2.由实验数据与所测得的线电流与相电流的波形,分析线电流与相电流间的幅值与相位关系。

任务 3.10　判别相序的实用电路

3.10.1　实验目的

1.理解三相三线制负载不对称时,各相负载电压会随负载的不同而变化,中性点电位会飘移。

2.掌握实用相序判别的方法。

3.10.2　实验电路与工作原理

在三相三线制供电系统中,当负载不对称且 Y 形连接时,负载中性点与电源中性点(又称零点)不再保持等电位,将会产生飘移,即会产生中性点电压 $\dot{U}_{N'N}$。任务 3.9 已对三相三线供电,负载不对称(其中一相断路或短路)时出现的情况作了实验,现在将做进一步的分析。任选一相负载为一个电容器(1.5 μF),另外两相均为 15 W/220 V 白炽灯泡,这样三相负载将呈现不对称,设连接电容器的一相为 A 相,则较长相量为 B 相(白炽灯较亮),最后一相为 C 相(白炽灯较暗),这时三相负载的电压相量分别为 $\dot{U}_{AN'}$、$\dot{U}_{BN'}$ 及 $\dot{U}_{CN'}$,如图 3 - 22 所示,可见,负载的中性点 N' 不再与电源中性点 N 重合,产生漂移,这种漂移的情况,将取决于三相负载的大小与性质。

实践和数学计算都可以证明:白炽灯较亮的那一相为滞后 A 相 120°的 B 相,白炽灯较暗的那一相为超前 A 相 120°的 C 相。因此如图 3 - 23 所示的电路,即为一个简单而易行的相序判别实用电路。

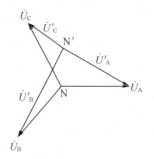

图 3 - 22　三相三线制负载不对称时中性点漂移情况

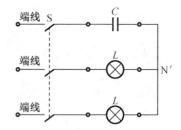

图 3 - 23　相序指示器电路图

3.10.3　实验设备

1.三相交流电源(线电压为 220 V)。

2.交流电压表 3 只。

3.15 W/220 V 白炽灯泡 2 只(HL_1 单元)、灯座两个、电容器(C_9 单元、C_{11} 单元)(4.0 μF/450VAC 聚丙烯膜电容)。

4.万用表。

3.10.4　实验内容与实验步骤

1.任选某根端线与 C(1.5 μF/450VAC 聚丙烯膜电容)相连,并设定该相为 A 相,其余两相分别接一个参数为 15 W/220 V 白炽灯泡,按图 3 - 23 完成接线,三相开关为电源空气开关。

2.合上三相开关 S,观察 B、C 两相灯泡的明暗程度,白炽灯较亮为 B 相,白炽灯较暗的一相为 C 相,这样,三相电源的相序(正序)就确定下来了,记录 A、B、C 三根端线的位置,测量三相电源各相电压 U_A、U_B、U_C 和三相负载各相电压 $U_{AN'}$、$U_{BN'}$、$U_{CN'}$ 以及电源中性点 N 与负载中性点 N′间的位移电压 $U_{N'N}$ 的数值,记录于表 3 - 15 中。

表 3 - 15　不对称负载采用三相三线制供电时各电压数值　　　　单位:V

项目	U_A	U_B	U_C	$U_{AN'}$	$U_{BN'}$	$U_{CN'}$	$U_{N'N}$
数值							

3.断开开关 S,将电容器换成 C_9 单元(4.0 μF/450VAC 聚丙烯膜),重做上述实验,将各电压记录于表 3 - 16 中。

表 3 - 16　不对称负载采用三相三线制供电时各电压数值　　　　单位:V

电压	U_A	U_B	U_C	$U_{AN'}$	$U_{BN'}$	$U_{CN'}$	$U_{N'N}$
数值							

3.10.5　实验注意事项

在本装置中三相电源 380 V/220 V 交流电源经隔离变压器后,以 220 V/127 V 低电压供电,但仍然高于人体在一般条件下所能承受的安全电压 36 V,要求实验人员严格遵守电工实验安全操作规程,防止发生触电事故。

3.10.6　实验报告要求

1.以表格 3 - 15 的实验数据,画一个电源电压相量图与负载电压相量图。具体做法如下:在坐标纸上,画出三相对称电源相电压的相量图,任选一个相量做 $\dot{U}_A$ 并以它为参考相量,先以 $\dot{U}_A$ 箭头端为圆心,以 $\dot{U}_{AN'}$ 为半径画一圆弧;然后以电源中性点 N 为圆心,以 $\dot{U}_{N'N}$ 为半径,再画一个圆弧,两个圆弧的两个交点中,有一个为三相负载中性点 N′所在位置。分别以上述两个交点为圆心,以测得的 $\dot{U}_{BN'}$ 为半径画圆弧,其中与滞后 $\dot{U}_A$ 120°那个相量箭头相交的弧线的圆心即为三相负载中性点 N′所在位置,且滞后 $\dot{U}_A$ 的那一相由于电压较高,对应的灯泡就亮些,显然是 B 相,最后一相即为 C 相,画出的相量图应与图 3 - 22 相似。

2.以表 3 - 16 的实验数据,再画一个电源电压相量图与负载电压相量图。

3.从以上两个相量图中,归纳相应的结论。

任务 3.11　三相负载的有功功率及功率因数的测定

3.11.1　实验目的

1. 学会用一瓦计法、两瓦计法、三瓦计法测定三相负载的功率。
2. 学会用功率因数表测定三相三线制平衡负载的功率因数。

3.11.2　工作原理

三表法：无论三相电路是否对称，三相电路的有功功率都等于各相有功功率之和，即

$$P = P_A + P_B + P_C$$

用功率表将每相有功功率测量出来相加的方法，称为"三表法"。

一表法：当三相电路对称时，各相有功功率相等，那么

$$P = 3P_A = 3P_B = 3P_C$$

由上式可以看出，用一块表测得的功率再乘以 3 即为三相对称电路的总有功功率。

二表法：在三相三线制电路当中，无论电路是否对称，都可以用两块表来测量三相电路的总有功功率。

$$P = P_1 + P_2$$

3.11.3　实验设备

1. 三相交流可调电源（具有三相电压显示）。
2. 功率表 3 只。
3. 万用表。
4. 15 W/220 V 灯泡 3 只、40 W/220 V 灯泡 1 只。

3.11.4　实验电路与实验步骤

1. 先将三相可调电源调至线电压为 220 V，然后断开开关，按图 3 - 24 完成接线，三个灯泡分别为 A 相 15 W/220 V，B 相 40 W/220 V，C 相 15 W/220 V，形成三相不对称电路，接通电源，采用三表法测量有功功率。

2. 断开开关，将图 3 - 24 电路中的 B 相换成 15 W/220 V 的灯泡，形成三相对称电路，采用 A 相接功率表的"一表法"测量，其他两相功率表拆除代之以短路线，接通电源。

3. 断开开关，将上述电路中的中线拆除，形成三相三线制星形对称电路，按图 3 - 25 接线，采用两表法测量有功功率，合上三相开关。

4. 断开开关，按图 3 - 26 完成接线，三个灯泡分别为 A 相 15 W/220 V，B 相 40 W/220 V，C 相 15 W/220 V，形成三角形连接的三相不对称电路，接通电源，采用三表法测量有功功率。

5. 断开开关，按图 3 - 26 完成接线，三个灯泡分别为 A 相 15 W/220 V，B 相 15 W/220

V,C 相 15 W/220 V,形成三角形连接的三相对称电路,采用一表法测量功率,其他两相功率表拆除代之以短路线,接通电源。

6.断开开关,按图 3-27 完成接线,三个灯泡分别为 A 相 15 W/220 V,B 相 15 W/220 V,C 相 15 W/220 V,形成三角形连接的三相对称电路,采用二表法测量有功功率,接通电源。将第"1.""3.""4.""6."步的测量结果填入表 3-17 中,将第"2.""5."步的测量结果乘以 3 填入表 3-17 中。

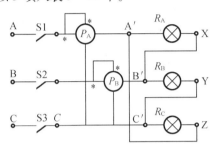

图 3-24 三表法 Y 接

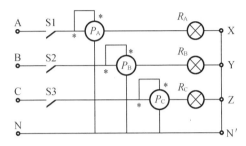

图 3-25 二表法 Y 接

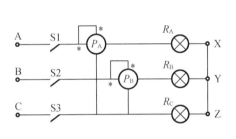

图 3-26 三表法 Δ 接

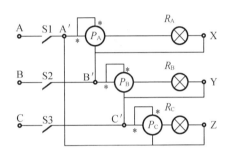

图 3-27 二表法 Δ 接

表 3-17 三相电路有功功率测量

供电方式	每相灯功率/W			有功功率/W					
	A	B	C	$3P_A$	P_A	P_B	P_A	P_B	P_C
三相四线制 Y 接	15	40	15						
	15	15	15						
三相三线制 Y 接	15	15	15						
三相三线制 Δ 接	15	40	15						
	15	15	15						
	15	15	15						

3.11.5 实验注意事项及说明

1.在本装置中三相电源 380 V/220 V 交流电经隔离变压器后,以 220 V/127 V 低电压供电,但仍然高于人体在一般条件下所能承受的安全电压 36 V,要求实验人员严格遵守电工实验安全操作规程,防止发生触电事故。

2. 由于供电电源的线电压为 220 V,所以灯泡接成星形时每相相电压低于额定电压值,亮度比较低,而接成三角形时相电压为 220 V,灯泡的亮度正常。

3. 接线时要注意将交流功率表电压线圈和电流线圈的 * 号端接在电源端线一侧。

4. 在图 3 - 25、3 - 27 中,是以 C 端线为二表法的公共端线的(也可以 A 端线或 B 端线为公共端线)。无论选择那根公共端线,都必须注意公共端线上不能接功率表。

3.11.6 实验报告要求

根据表 3 - 17 中的数据,说明"一表法""二表法""三表法"的正确性。

模块4 磁 路

任务4.1 自感系数的测定、电路断电时电感尖峰电压的测量及抑制方法

4.1.1 实验目的

1. 掌握线圈自感系数测定的方法。
2. 加深理解电路断电时电感产生的尖峰电压、尖峰电压的危害及其抑制方法。

4.1.2 实验电路及工作原理

1. 实验电路

如图4-1所示。

图4-1中 L 为电感线圈,现为 E 型变压器的一次侧(24 V)绕组,电源是有效值为24 V 的交流电源或24 V 直流电源,电流表为数字式交流(或直流)电流表,电压表为数字式交流(或直流)电压表,VD 为续流二极管,电容 $C = 1\ \mu F$ 与 $R = 100\ \Omega$ 串联构成阻容吸收电路,S 为钮子开关。

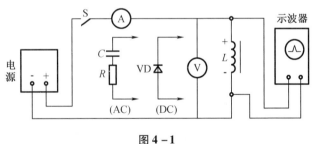

图4-1

2. 测定电感线圈的电感系数

若已知线圈两端的交流电压 U_L、通过的电流 I 以及线圈的电阻 r(可用万用表测得),则线圈的阻抗

$$Z = \frac{U_L}{I} \qquad ①$$

由 $Z = \sqrt{r^2 + X_L^2}$ 有 $X_L = \sqrt{Z^2 - r^2}$,而 $X_L = 2\pi fL$,于是

$$L = \frac{X_L}{2\pi f} = \frac{\sqrt{Z^2 - r^2}}{2\pi f} \qquad ②$$

3. 线圈突然断电产生的尖峰电压的测量及抑制的方法

当电路突然断电时,线圈中的电流 I 突然迅速下降至零,由 $e = -L\dfrac{di}{dt}$ 可知,它将产生一

个很高的感生电动势,此电动势可用数字示波器观察到,并可记录下其峰值的大小,若用一般模拟示波器,观察到的峰值要低些(因尖峰时间过短,尖峰上部看不到)。在电子电路中,这样高的尖峰电压,会击穿电子元件(如三极管),因此要设法为感生电动势提供放电回路,以降低电流的变化率,从而降低感生电动势尖峰幅值。在直流电路中常用的方法是与线圈并接一个续流二极管,其阴极接线圈正电位(图 4-1);在交流电路中,则采用阻容吸收电路与线圈并联(图 4-1)。

4.1.3 实验设备

1. 直流可调电源 0 ~ 24 V、交流可调电源 24 V、12 V。

2. 数字交流电压表,数字交流电流表。

3. E 型变压器(T_1 单元)、二极管(VD 单元)、电容 $C = 1\mu F$(C_4 单元)、电阻 $R = 100\ \Omega$(R_1 单元)、可变电阻、S 为钮子开关 S(SB_1 单元)。

4. 双踪示波器。

5. 万用表。

4.1.4 实验内容与实验步骤

1. 用万用表电阻挡测量线圈直流电阻 r,记录在表格 4-1 中。

2. 电源采用交流可调电源,电源电压分别调至 $U = 24$ V 和 $U = 12$ V,按图 4-1 接线。

3. 检查电路无误后,接通开关 S,将电压表、电流表的读数记录于表 4-1 中,由测得的数据计算出线圈的自感系数。

表 4-1 线圈自感系数测定实验数据

线圈电阻 $r = $ _____ Ω

项目	电源电压 U/V	
	24	12
线圈电压 U_L/V		
线圈电流 I/A		
线圈阻抗 $Z = \dfrac{U_L}{I}$/Ω		
线圈电感 $L = \dfrac{\sqrt{Z^2 - r^2}}{2\pi f}$/H		

4. 当交流电压分别为 24 V 和 12 V 时,突然断开开关,从示波器读取尖峰电压峰值 U_{P1} 和 U_{P2}(读取 2 ~ 3 次取最高值),记录在表 4-2 中。

5. 切断电源,在线圈两端并联 RC 吸收电路($R = 100\ \Omega$,$C = 1\ \mu F$)后再通电,突然断开开关,读取尖峰电压峰值 U'_{P1} 和 U'_{P2}(读取 2 ~ 3 次取最高值),记录在表 4-2 中。

6. 切断电源,拆掉 RC 吸收电路,将电源换成直流可调电源(此时应先将直流可调电源输出电压置零),电压表与电流表也换成直流表,调节电源电压由小到大,使电流分别为 0.3 A 和 0.2 A,突然断开开关,读取尖峰电压幅值 U_{P3} 和 U_{P4}(读取 2 ~ 3 次取最高值),记录在表 4 − 2 中。

7. 切断电源,在线圈两端联接续流二极管 VD 后,重做上述实验,读取尖峰电压 U'_{P3} 和 U'_{P4}(读取 2 ~ 3 次取最高值),记录在表 4 − 2 中。

表 4 − 2 线圈断电时产生的尖峰电压

序号	电源性质	电压 U/V	电流 I/A	断电尖峰电压峰值 $U_{P/V}$	$\dfrac{U_P}{U}$	加阻容吸收电路后或接续流二极管后的 U'_P
1	交流	24				
2	交流	12				
3	直流		0.3			
4	直流		0.2			

4.1.5 实验注意事项

1. 交流电表与直流电表、电压表与电流表要仔细区分,不要接错。

2. 用示波器读取尖峰电压峰值时,由于峰值处线条很淡,要用纸张挡住射入示波器屏幕的光线才能准确观察,否则会看不完全。

4.1.6 实验报告要求

1. 由表 4 − 1 实验数据计算出线圈电感,并分析施加的电压不同,为什么电感值会不同?

2. 由表 4 − 2 实验数据计算出在四种下情况断电时尖峰电压峰值 U_P 与线圈通电电压 U 的倍率,并由此得出相应的结论(分析它们的数值为什么有差别)。

3. 分析采取加 RC 吸收电路或加续流二极管两种方法的效果,试问此两种方法是否可以互换? 为什么?

任务 4.2 互感电路的研究

4.2.1 实验目的

1. 学会测定互感线圈同名端。

2. 掌握测定互感系数、耦合系数的方法。

4.2.2 实验电路与工作原理

一个线圈因另一个线圈中的电流变化而产生感应电动势的现象称为互感现象,这两个线圈称为互感线圈,用互感系数 M 来衡量互感线圈的这种性能。互感系数 M 的大小除了与两个线圈的几何尺寸、形状、匝数及导磁材料性能有关外,还与两个线圈的相对位置有关。

1. 判断互感线圈同名端的方法

(1)直流法

如图 4 − 2 所示,当开关 S 闭合瞬间,若毫安表的指针正偏,则可断定"1"与"3"为同名端;若指针反偏,则"1"与"4"为同名端。

（2）交流法

如图4-3所示,将两个绕组 N_1 和 N_2 的任意两端(如2、4端)联在一起,在其中的一个绕组(如 N_1)两端加一个低电压交流电源,用交流电压表分别测出端电压 U_{13}、U_{12} 和 U_{34},若 U_{13} 是两个绕组电压之差,则"1"与"3"是同名端;若 U_{13} 是两绕组电压之和,则"1"与"4"是同名端。

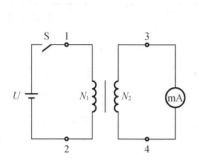

图4-2　直流法测同名端

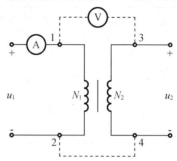

图4-3　交流法测同名端

2. 两线圈互感系数 M 的测定

在图4-3电路中,拆掉2与4的连接导线,在互感线圈的 N_1 侧施加低压交流电压 U_1,测出 I_1 及 U_{20}。根据互感电动势 $U_{20} \approx E_{2M} = \omega M I_1$,可算得互感系数为

$$M = \frac{U_{20}}{\omega I_1}$$

3. 耦合系数 K 的测定

两个互感线圈的磁耦合程度可用耦合系数 K 来表示,K 的定义如下:

$$K = \frac{M}{\sqrt{L_1 L_2}}$$

其中,L_1 为 N_1 线圈的自感系数,L_2 为 N_2 线圈的自感系数,它们的测定方法如下:

首先用万用表测出 E 型变压器 N_1、N_2 测直流电阻 r_1、r_2,其次在 N_1 侧加交流电压 U_1,N_2 侧开路,测出电流 I_1;然后再在 N_2 侧加电压 U_2,N_1 侧开路,测出电流 I_2,最后根据 $L = \dfrac{\sqrt{\left(\dfrac{U}{I}\right)^2 - r^2}}{2\pi f}$,可分别求出自感系数 L_1 和 L_2。当已知互感系数 M 时,便可算得 K 值。

4.2.3　实验设备

1. 可调直流电源、可调交流电源或单相交流电源。

2. 直流数字电压表、指针式直流毫安表、交流数字电压表、交流数字电流表。

3. 万用表。

4. E 型变压器(T_3 单元)、开关(SB_2 单元)、电阻100 Ω。

4.2.4　实验内容与实验步骤

1. 测定互感线圈的同名端

（1）直流法

实验电路如图4-4所示,图中以 E 型变压器(T_3 单元)的一、二次侧绕组作为互感线圈

N_1、N_2，U_1 为可调直流稳压电源，调至 3 V，电阻 $R = 100\ \Omega$，这样，流过 N_1 侧的电流不超过 0.2 A(选用 3 A 量程的数字电流表)，N_2 侧直接接入量程为 10 mA 的直流毫安表。将开关 S 合上，观察毫安表指针的偏转情况，由此来判定 N_1 和 N_2 两个线圈的同名端。

当毫安表指针正向偏转时，1 与 3 为同名端；当毫安表指针反向偏转时，1 与 4 为同名端。

（2）交流法

实验电路如图 4 - 5 所示，连接 2 与 4 端，将 N_1 串接电流表(选 3 A 量程)后，接至自耦调压器的输出端，确认自耦调压器调到零位后方可接通交流电源，调节自耦调压器，使其输出电压为 12 V(也可以直接使用单相交流电压源 12 V)，这样，流过电流表的电流不大于 0.2 A，然后用数字交流电压表测量 U_{12}、U_{13} 和 U_{34}，由 U_{13} 与 U_{12}、U_{34} 的关系来判定同名端，将判定结果记录在表 4 - 3 中。

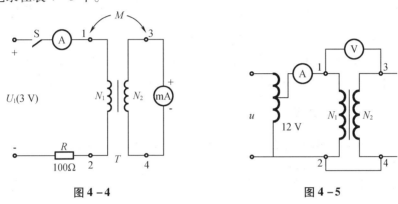

图 4 - 4　　　　　　　　　　　图 4 - 5

表 4 - 3　判断同名端

直流法	开关 S 的状态	仪表的偏转情况（正偏、反偏）		同名端端子名称
交流法	U_{13}/V	U_{12}/V	U_{34}/V	同名端端子名称

2. 测定两个线圈的互感系数 M

在图 4 - 5 电路中，切断电源，拆掉 2 与 4 的连线，互感线圈 N_2 侧开路，N_1 侧施加 12 V 交流电压，测出并记录 U_{20}、I_1，由此计算出互感系数 M，记入表 4 - 4 中。

3. 测定两线圈的耦合系数 K

首先用万用表的电阻挡测出 E 型变压器 N_1、N_2 测的直流电阻 r_1、r_2，其次在 N_1 侧加交流电压 $U_1 = 12$ V，N_2 侧开路，测出电流 I_1；然后再在 N_2 侧加电压 $U_2 = 12$ V，N_1 侧开路，测出电流 I_2，最后根据 $L = \dfrac{\sqrt{\left(\dfrac{U}{I}\right)^2 - r^2}}{2\pi f}$，可分别求出自感系数 L_1 和 L_2 的值，将计算结果记录表 4 - 4 中。根据已经计算出的自感系数 L_1、L_2 及互感系数 M 值，便可算得 K 值，将计算结果记录表 4 - 4 中。

电路基础实训指导

表 4 - 4   测定互感线圈的参数

线圈电阻 $r_1 = $ _____ Ω，$r_2 = $ _____ Ω

测量					计算			
U_1	I_1	U_{20}	U_2	I_2	L_1	L_2	M	K

4.2.5   实验注意事项

1.本实验中以 E 型变压器的一、二次侧作为互感线圈的 N_1 和 N_2，E 型变压器的参数为

5 VA 24 V/12 V，由此可推知其二次侧额定电流 $I_{2N} = \dfrac{5}{12} \approx 0.4$ A，一次侧额定电流 $I_{1N} = \dfrac{5}{24} \approx$

0.2 A，实验时，要注意电流不能超过其额定电流值。

2.实验中如果使用交、直流可调电源，那么在使用前要检查交、直流可调电源是否调至零位；如果使用单相交流电源，那么应看清输出端钮的数字标识，不可选错端钮。

4.2.6   实验报告要求

1.由表 4 - 3 中的数据来判断同名端(两种方法判别结果是否一致)。

(2)由表 4 - 4 中实验数据，计算出互感系数 M。

(3)由表 4 - 4 中数据计算出耦合系数 K，并分析此耦合系数的值所表明的情况是怎样的。

任务4.3   铁磁材料磁滞回线的测定

4.3.1   实验目的

1.加深理解铁磁材料磁滞回线的物理含义。

2.理解并掌握测定磁滞回线的方法。

3.进一步掌握示波器的应用。

4.3.2   实验电路与工作原理

1.磁滞回线

(1)铁磁材料的磁化曲线，是指以磁场强度 H(单位为安/米即 A/m)为横轴，以磁感应强度 B(单位为特斯拉即 T)为纵轴的变化曲线 $B = f(H)$，如图 4 - 6 所示，由安培定律有

$$Hl = IN \tag{4-1}$$

式中，l 为磁路长度由此有

$$H = \frac{IN}{l} \tag{4-2}$$

式中 I 为通过线圈的电流，N 为线圈匝数，IN 为磁动势，对空气或其他非磁线材料，其 $B = f(H)$ 曲线如图 4 - 6 中曲线 I 所示；对铁磁材料，由于它的磁畴在外界磁场的作用下，排列

趋向一致,从而大大增强了磁感应强度 B,这种现象称为磁化现象,其曲线如图4-6中曲线 Ⅱ 所示。

当磁场强度继续增大,则磁畴已基本趋向一致;磁畴排列一致后,增磁的潜力将大大降低,这时的铁磁材料 $B = f(H)$ 的斜率与空气的斜率已十分接近,称为磁饱和现象。

当磁场强度 H 减小时,由于磁畴仍保存着一定程度的整齐排列,因此退磁时的磁感应强度较增磁时高,即使当 $H = 0$ 时,仍会保留着一部分磁性,称为剩磁现象,此时的磁感应强度 B_r 称为剩磁(永久磁铁的磁感应强度即 B_r)。

此时,若要使铁磁材料的磁性完全退去(即 $B = 0$),则要加一个反方向的磁场强度 H_C(H_C 称为矫顽力,单位为 A/m)。

若继续加大反方向磁场则曲线将进入第三象限,如图4-6所示,它与第一象限曲线对称于原点。

若线圈通过交流电,在磁场强度 H 由正→负→正的反复作用下,形成的曲线便是如图4-6中曲线Ⅲ所示的磁滞回线。实验表明:铁芯在交流电的作用下,因磁滞发热(磁畴反复运动变成热能)损失的能量称为磁滞损耗。磁滞损耗与磁滞回线所包围的面积成正比。

在交流电作用下,铁芯的热损耗包括磁滞损耗和涡流损耗。对于涡流损耗,由于采用硅钢片而大为降低,因此铁芯损耗中,主要是磁滞损耗。磁滞回线测量电路如图4-7所示。

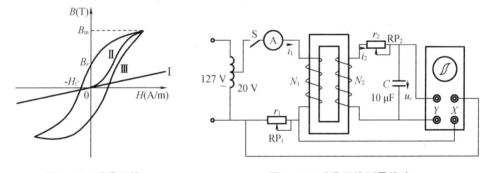

图4-6 磁滞回线   图4-7 磁滞回线测量线路

利用示波器,可以在较高频率下测定交流磁滞回线。一般可用电源变压器做试件,本实验中采用 5 VA、24 V/12 V 的 C 型铁芯心式变压器(T$_2$ 单元)。在变压器一次绕组上加 24 V 交流电压,在电路中串联 200 Ω 电阻 r_1(RP$_2$ 单元)。可以证明,电阻 r_1 上的电压 U_{r1} 与铁芯的磁场强度 H 成正比。在二次侧回路串接一个可变电阻 r_2 与电容 C,使 $r_2 \gg X_C$,则可以证明,电容两端电压 u_c 与磁感应强度 B 成正比,证明见"4.3.7 参考阅读"。

加在示波器 X 轴上的信号与 H 成正比,而加在 Y 轴上信号与 B 成正比,这样示波器上便显示出磁化曲线及磁滞回线的图形。

4.3.3 实验设备

1. 可调交流电源。

2. 交流电压表、交流电流表。

3. C 型铁芯心式变压器 5 VA、24 V/12 V、电阻 200 Ω(RP$_2$ 单元)、电位器 RP$_2$(RP$_7$ 单元)、电容 $C = 10$ μF(C_6 单元)、开关(SB$_2$ 单元)。

4. 双踪示波器。

5. 万用表。

4.3.4　实验内容与实验步骤

1. 调节可调交流电源输出电压为 20 V，取 $r_1 = 200\ \Omega$，$C = 10\ \mu F$，可变电阻 $r_2 \gg X_C$，按图 4 – 7 接线。

2. 调节示波器

(1) 调出横坐标。将触发信号极性开关三个选项（ + 、 – 、EXT X），置于"EXT X"位置，触发源选择开关"INT""TV""EXT"置于"EXT"，Y 输入方式耦合开关"AC – ⊥ – DC"置于"⊥"，这时有一条水平亮线，调节 Y 轴位移"↑""↓"，使之与横坐标重合，做 H 轴线。

(2) 调出纵坐标。将触发信号极性开关置于" + "或" – "，触发源选择开关置于"INT"，Y 轴输入方式耦合开关置于"DC"或"AC"，这时有一条垂直亮线，调节 X 轴位移"→""←"，使之与某纵坐标重合，做 B 轴线。

3. 合上开关 S，观察磁滞回线，将触发信号极性开关置于"EXT X"，触发源选择开关置于"EXT"，Y 轴输入方式耦合开关置于"AC"；调节输入交流电压、Y 轴灵敏度选择开关和微调，以及 r_2（RP$_7$ 单元）和 r_1（RP$_2$ 单元），使示波器显示一个匀称的磁滞回线；再调节输入交流电压，观察磁滞回线变化。

4.3.5　实验注意事项

1. 以往使用示波器，X 轴通常由示波器内部的锯齿波扫描电路提供信号电压，而如今采用外接输入方式，应仔细阅读示波器使用说明书，以掌握示波器的应用。

2. 由于采用的微型变压器，铁芯较易饱和，所以施加的交流电压取 20 V。实验时，可调节施加交流电压的大小，观察磁滞回线的变化。

4.3.6　实验报告的要求

1. 画出磁滞回线。
2. 说明示波器横轴外加信号时的操作步骤。

参考阅读：

1. 证明：U_{r_1} 与 H 成正比

设通过一次测绕组的电流 i_1，于是由安培环路定律有：磁场强度 $H = \dfrac{iN}{l}$，则

$$i_1 = \frac{H}{N_1}l \qquad\qquad (4 – 3)$$

式中，i_1 为通过一次侧绕组的电流，N_1 为一次侧绕组匝数，l 为铁芯磁路长度。

若设电阻 r_1 上的电压为 U_r，则 $U_r = i_1 r_1$，将式（4 – 3）代入有

$$U_r = i_1 r_1 = \frac{r_1 l}{N_1} H \qquad\qquad (4 – 4)$$

由式（4 – 4）可见，U_r 与磁场强度 H 成正比。

在图 4 – 7 所示的电路中，从电阻 r_1 取出的信号电压 U_r 接在示波器 X 轴的外加输入"EXT X"端，调节 r_1，即调节 U_r，可调 H 的幅值（亦即磁滞回线的宽度）。

变压器二次侧绕组上的感应电动势 e 根据法拉第电磁感应定律,仅考虑数值大小时,有

$$\left| e_{21} \right| = \left| N_2 \frac{d\varphi}{dt} \right| = \left| N_2 S \frac{dB}{dt} \right| \tag{4-5}$$

上式中磁通 $\varphi = BS$(S 为铁芯截面积)

2.证明:U_C 与 B 成正比

若在二次侧接上一个可变电阻 r_2(由电位器 RP$_2$ 构成)及电容 $C = 10\ \mu$F,并从电容上引出电压信号 U_C,加在示波器的纵轴 Y 输入处,可以证明 U_C 和磁感应强度(B)成正比。

二次侧回路电压由基尔霍夫定律有

$$\left| e_{21} \right| = i_2 r_2 + U_C + L_2 \frac{di_2}{dt} \tag{4-6}$$

式中,e_{21} 为二次侧感生电动势,$L_2 \frac{di_2}{dt}$ 为二次侧漏磁电感 L_2 产生的感应电压,U_C 为电容电压。

将式(4-5)代入式(4-6)有

$$\left| N_2 S \frac{dB}{dt} \right| = i_2 r_2 + U_C + L_2 \frac{di_2}{dt} \tag{4-7}$$

如今选 $C = 10\ \mu$F,则 $X_C = 318\ \Omega$,若 r_2 取 8 kΩ ~ 10 kΩ 左右(由 RP$_7$ 调节),则 $X_C \ll r_2$,于是有 $U_C \ll i_2 r_2$,这样 U_C 及 $L_2 \frac{di_2}{dt}$ 相对 $i_2 r_2$ 而言,都可略而不计。于是 $\left| N_2 S \frac{dB}{dt} \right| \approx i_2 r_2$,便有

$$i_2 \approx \left| \frac{N_2 S}{r_2} \frac{dB}{dt} \right|$$

而电容上的电压

$$U_C = \frac{1}{C} \int i_2 dt = \frac{1}{C} \int \left| \frac{N_2 S}{r_2} \frac{dB}{dt} \right| dt = \left| \frac{N_2 S}{Cr_2} B \right| \tag{4-8}$$

证明完毕。

任务4.4 单相变压器特性的研究

4.1.1 实验目的

1.测定变压器的空载特性及变压器的铁耗。
2.测定变压器的外特性及电压调整率。
3.测定变压器的运行特性。

4.4.2 实验电路与工作原理

1.单相变压器的实验电路
如图 4-8 所示。

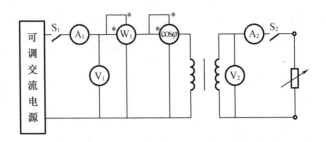

图 4 – 8　单相变压器实验电路

2. 变压器空载特性

当 S_2 断开、二次侧绕组开路时，$I_2 = 0$，即变压器为空载。一次侧绕组加上电压后，测定一次侧的电流 I_1、功率 P_1 及功率因数 $\cos \varphi$。

(1) I_1 的主要作用是建立工作磁通，因此 I_1 又称为励磁电流，额定电压时的 I_1 愈小，表明变压器励磁功能愈好，空载时铜线损耗也愈小。

(2) 空载损耗 P_1 主要是铁芯的磁滞与涡流损耗，简称铁损耗。P_1 越小越好。

(3) 空载时变压器相当于一个电感线圈，因此功率因数很低。

(4) 空载时，改变 U_1，I_1 也将变化，由于 I_1 主要是建立磁场，所以由安培定律可知，磁场强度 H 与 I_1 成正比，而铁芯的工作磁通及磁感应强度 B 近似与电压 U_1 的大小成正比（由交流铁芯线圈电压平衡方程式 $U = 4.44fN\varphi_\mathrm{m} = 4.44fNB_\mathrm{m}S$ 得知），于是 $U_1 = f(I_1)$ 曲线，便近似于铁芯的磁化曲线 $B = f(H)$。

3. 变压器的外特性

变压器的外特性是指当二次侧电流 I_2 增加时，二次侧端电压 U_2 随 I_2 的变化而变化的特性，即 $U_2 = f(I_2)$。对电阻、电感负载，I_2 增大时，U_2 降低（因为一、二次侧线圈的内阻抗电压降都将增加），由于变压器二次侧是一个为负载供电的电源，因此对变压器，应采用电源的技术指标：

$$\Delta U\% = \frac{U_{20} - U_{2\mathrm{N}}}{U_{20}} \times 100\% \qquad\qquad (4-9)$$

式中，$\Delta U\%$ 为电压调整率，U_{20} 为二次侧开路电压，$U_{2\mathrm{N}}$ 为二次侧额定电压。

对一般变压器，希望 $\Delta U\% \leq 3\%$ 左右，当然对实验中使用的微型变压器，$\Delta U\%$ 要大些。

4. 变压器运行特性

变压器的运行特性，通常指变压器的一次侧电流 I_1、功率 P_1、功率因数 $\cos \varphi_1$ 及变压器效率 η 随二次侧电流 I_2 的变化情况，即 $I_1 = f(I_2)$、$P_1 = f(I_2)$、$\cos \varphi_1 = f(I_2)$ 以及 $\eta = f(I_2)$。

4.3.3　实验设备

1. 可调交流电源 (0~24 V) 或单相交流电源 24 V。

2. 可变电阻箱 0~99 Ω，交流电压表 2 只、交流电流表 2 只、交流功率表、功率因数表。

3. 单相变压器 5 VA、24 V/12 V（T_1 单元）、开关 SB_1、SB_2。

4. 万用表。

4.4.4　实验内容与实验步骤

1. 按图 4 – 8 接线（注意功率表及功率因数表的 * 端接端线）。

2. 调节可调交流电源,使输出电压为24 V(或采用单相交流24 V电源),断开SB_2、合上SB_1,读取电表数,记录于表4-5中。

表4-5 变压器空载特性实验数据

项目	一次侧电压 U_1/V	二次侧电压 U_2/V	一次侧电流 I_1/mA	一次侧功率 P_1/W	一次侧功因数 $\cos \varphi_1$
数据					

(3)改变一次侧电压 U_1,读取一次侧电流 I_1,记录在表4-2中。

表4-2 变压器励磁特性实验数据

一次侧电压 U_1/V	6	10	14	18	20	24
一次侧电流 I_1/mA						

(4)切断 S_1,将可调交流电源调至24 V,并保持不变,将电阻箱调至阻值为最大99 Ω,合上 S_1 及 S_2,改变负载电阻 R_L,使 I_2 由小到大,直到120% I_{2N}(变压器为5 VA、24 V/12 V,二次侧额定电流 $I_{2N} \approx 400$ mA),读取各电表读数,记录于表4-6中。

表4-6 变压器运行特性实验数据

$U_1 = 24$ V

项目	二次侧电流 I_2(mA)							
	0	50	100	150	200	300	400	450
一次侧电流 I_1/mA								
二次侧电压 U_2/V								
一次侧功率因数 $\cos \varphi_1$								
一次侧功率 P_1/W								
二次侧功率 $P_2 = U_2 I_2$/W								
$\eta = (P_2/P_1) \times 100\%$								

4.4.5 实验注意事项

1. 功率表与功率因数表接线时,必须将带 * 号端接在端线处;

2. 实验时,首先要将调压器置于零位,然后再调整输出电压;如果使用单相交流电源,应选准端钮的电压数值标识。

3. 将变阻器 R_L 置于最大阻值,增加负载(即增大电流)时,需注意电流不能过载,最多不超过120% I_N。

4.4.6 实验报告要求

1. 写出变压器空载时的特征参数 I_1、P_1 及 $\cos \varphi_1$,并求出 $\dfrac{I_1}{I_{1N}} \times 100\%$ 数值,分析此变压

器的空载特点。

2.由表4-5所列数据,以励磁电流 I_1 为横轴,一次侧电压 U_1 为纵轴,画出 $U_1=f(I_1)$ 曲线(近似磁化曲线)。

3.根据表4-6所列实验数据,以二次侧电流 I_2 为横轴,以二次侧电压 U_2 为纵轴,画出变压器的外特性 $U_2=f(I_2)$ 曲线,并求出电压调整率。

4.由表4-6所列实验数据,画出变压器运行特性曲线: $I_1=f(I_2)$ 、 $P_1=f(I_2)$ 、 $\cos\varphi_1=f(I_2)$ 以及 $\eta=f(I_2)$ 等曲线,并根据外特性和运行特性分析单相变压器的运行特点。

任务4.5 单相变压器并联运行特点的研究

4.5.1 实验目的

1.理解变压器并联运行的条件。

2.测定变压器内阻抗对负载分配的影响。

4.5.2 实验电路与工作原理

1.单相变压器并联实验电路

如图4-9所示,图中 T_1 为R形变压器(5 VA、24 V/12 V, T_3 单元), T_2 为C形变压器(5 VA、24 V/12 V, T_2 单元), R_1 为0.7 Ω电阻(R_7 单元),SW为串接插座。

2.单相变压器并联的条件

(1)同名端相同(否则会形成短路烧坏变压器)。

(2)变比基本相符(即并联前,两个变压器的二次侧空载电压基本相等)。

两个变压器并联运行时,原二次侧空载电压高的、内阻抗小的变压器,将输出较大的电流。

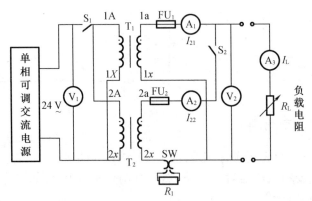

图4-9 单相变压器并联运行电路图

4.5.3 实验设备

1.单相交流可调电源。

2.交流电压表2只(仪表单元),交流电流表3只(仪表单元),负载电阻(电阻箱单元)。

3. R 形单相变压器 1 个(5 VA、24 V/12 V，T_3 单元)、C 形单相变压器 1 个(5 VA、24 V/12 V，T_2 单元)。

4. 熔断器 FU(0.5 A)、开关 S1、S2、串接插座 SW、2 Ω 电阻(备用模块)、0.7 Ω 电阻(R_7 单元)。

5. 万用表。

4.5.4　实验内容与实验步骤

1. 实验电路如图 4 - 9 所示。

(1) 先将变压器 T_1 一次侧接上 24 V 电源，二次侧开路，读取二次侧空载电压 U_{201}；

(2) 切断电源，在二次侧接上负载电阻，调节负载电阻 R_L 从大到小，使二次侧电流 I_2 = 0.4 A = I_{2N1}，读取二次侧额定电压 U_{2N1}；

(3) 用同样的方法测试 T_2，读取 U_{202} 及 U_{2N2}；

(4) 计算出变压比 K 及等效内阻抗 Z_2（将 Z_2 看成电阻，否则应采用相量法计算）。

对变压器 T_1：

$$K_1 = \frac{U_1}{U_{201}} \quad Z_{21} = \frac{U_{201} - U_{2N1}}{I_{2N1}}$$

对变压器 T_2：

$$K_2 = \frac{U_1}{U_{202}} \quad Z_{22} = \frac{U_{202} - U_{2N2}}{I_{2N2}}$$

2. 按图 4 - 9 接线。关键要判断两个变压器的同名端，具体方法前文已做介绍：

(1) 对一个变压器的一、二次侧同名端测定如图 4 - 10(a)所示。

若电压表读数为 U_1 与 U_2 两者之差，则 1 与 A 为同名端，1 标为 a，2 标为 x；若电压表读数为两者之和。则 2 与 A 为同名端，2 标为 a，1 标为 x。

②按图 4 - 9 接线。在两个变压器并联时，可先将两个变压器的一次侧绕组进行并联，而对二次侧绕组，则先连接一端(如 1x 与 2x 相连)；另二端间可接一只电压表，如图 4 - 10 (b)所示，若同名端连接法正确，则由于两个变压器的二次侧电压基本相等，电压表读数将很小，表明 1x 与 2x 为同名端相连，可以并联运行；若读数很大，则表示 1x 与 2x 为异名端相连或两个变压器变比相差太大，不宜并联运行，若强行并联运行，在两个电源间将会形成很大的环流，烧毁变压器。

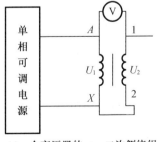 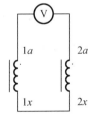

(a)一个变压器的一、二次侧绕组　　(b)二个变压器的二次侧绕组

图 4 - 10　变压器同名端的测定

3. 根据上述实验，确定符合并联运行条件后，方可按图 4 - 9 接线，接上电阻负载 R_L 并置于最大位置。

4. 预先调好单相可调交流电源,使 $U_1 = 24$ V,并保持不变,合上开关 S_1 与 S_2,调节负载电阻 R_L,使负载电流分 8 挡,由 0 至 1.0 A,同时读取二次侧电压 U_2 及两个变压器二次侧电流 I_{21} 和 I_{22}。数据记录在表 4-7 中。

表 4-7 单相变压器并联运行时,变压器参数对负荷分配的影响

$U_1 = 24$ V, $I = 0 \sim 1.0$ A

项目	负载电流 I_L/mA						
	0	100	300	500	600	700	800
二次侧电压 U_2/V							
T_1 变压器二次侧电流 I_{21}/mA							
T_2 变压器二次侧电流 I_{22}/mA							

5. 将 2 Ω 电阻作为 R_1(备用模块),通过接插件 SW,将 R_1 串入变压器 T_2 电路中(模拟该变压器内阻较大),重做上述实验。数据记录在表 4-8 中。

表 4-8 单相变压器并联运行时,变压器参数对负荷分配的影响

$U_1 = 24$ V, $R_1 = 2$ Ω

项目	负载电流 I_L/mA						
	0	100	300	500	600	700	800
二次侧电压 U_2/V							
T_1 变压器二次侧电流 I_{21}/mA							
T_2 变压器二次侧电流 I_{22}/mA							

4.5.5 实验注意事项

1. 必须严格遵守变压器并联条件:①同名端相同;②变比 K 基本相等(二次侧电压基本相等)。

2. 实验前,先将交流电源电压调至 24 V 待用。

3. 实验开始前将负载电阻 R_L 置于阻值最大处,不可置零。

4.5.6 实验报告要求

1. 说明判断变压器同名端的方法。

2. 根据以上实验结果说明变压器变压比及内阻抗对负荷分配的影响,以及对负载电压的影响。

任务4.6 铁芯饱和对电感量及变压器电流波形的影响

4.6.1 实验目的

1. 理解铁芯饱和对变压器电流的影响。

2. 加深理解铁芯饱和对电感量的影响。

4.6.2 实验电路与工作原理

1. 磁饱和对变压器磁化电流的影响

设变压器二次侧线圈开路,则一次侧线圈加上交流电压后,空载电流主要在铁芯中产生工作磁通 φ (略去通过空气的漏磁通),因此通常将变压器空载时的电流称为磁化电流 i_m,又称励磁电流。

设加在变压器一次侧的电压为 u_1,若略去一次侧线圈中的电阻压降和漏磁电抗压降,则线圈因工作磁通 φ 变化而产生的感生电动势 $e(e = -N_1 \dfrac{d\varphi}{dt})$,便与 u_1 相等,即

$$u_1 = -e = N_1 \frac{d\varphi}{dt} \qquad (4-10)$$

若设 $\varphi = \varphi_m \sin \omega t$,则

$$u_1 = N_1 \frac{d\varphi}{dt} = N_1 \varphi_m \cos \omega t = N_1 \varphi_m \sin(\omega t + 90°) \qquad (4-11)$$

参见图4-11右边曲线。倘若变压器铁芯截面较小,铁芯呈现磁饱和状态,即这时由磁化电流 i_m 产生的工作磁通中将呈饱和状态(即工作在磁化曲线的弯曲部分)参见图4-1左边曲线。

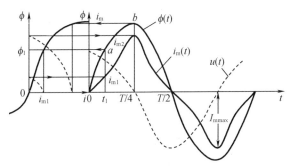

图4-11 电压为正弦量时铁芯中的磁通和电流

根据图4-11左、右两个曲线,采用由 $u(t) \to \varphi(t) \to i_m(t)$ 的反推动方法,可画出磁化电流 $i_m(t)$ 曲线。下面举例说明。

(1)当 $t = t_1$ 时,由右图 t_1 处向上得 φ_a,由此平移至左图 φ_1 处,再由 φ_1 处向下查得对应的 i_{m1},用圆规以 i_{m1} 为半径画一个 1/4 圆,折向纵坐标,再平移到右图 t_1 坐标处,得 i_{m1}。

（2）同理，当 $t = \dfrac{1}{4}T$ 时，由此处向上得 φ_b，采用与上面相同的程序，即可画出对应的 i_{m2} 值（参见箭头流程）。

（3）由图4－11右图可见，在磁饱和的影响下，$i_m(t)$ 为非正弦形，其相位较电压滞后 $90°$（相对电流而言，电压超前 $90°$）。

2. 磁饱和对变压器磁化电流影响实验电器

实验电路如图4－12所示，图中变压器二次侧开路，用双踪示波器的 Y_1 和 Y_2，分别测量电压 u_1 与电流 $i_1 = i_m$ 的波形。

图中 R 为取样电阻 $R = 1\ \Omega$，电阻电压的波形与通过它的电流波形相同。

3. 磁饱和对铁芯线圈电感量的影响

（1）对铁芯线圈的电感，它的电感量将随着铁芯的饱和而减小。

铁芯线圈的电感通常采用由电抗 X_L 的值折算出等效电感 L_e。若计及一次侧线圈的电阻 r_1，则有

$$Z = \frac{U_1}{I_1}, X_L = \sqrt{Z_1^2 - r_1^2}, L_e = \frac{X_L}{2\pi f} \qquad (4-12)$$

当铁芯饱和时，磁化曲线的斜率接近空气的磁化曲线的斜率，铁芯线圈的电感将大大降低，而接近空心线圈的电感。参见图4－13。

若通过线圈的电流中，含有直流分量，如可控整流电路中的平波电抗器，这种现象将更为明显。

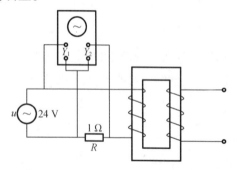

图4－12 磁饱和对变压器磁化电流影响实验电路

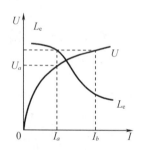

图4－13 铁芯线圈的伏安特性曲线和等效电感

（2）磁饱和对铁芯线圈电感量影响实验电路

①实验电路如图4－14所示，可通过测量铁芯线圈的电压与电流，再根据公式③求得铁芯线圈的等效电感 L_e。

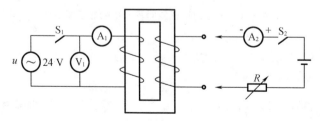

图4－14 磁饱和对铁芯线圈电感量影响实验电路

②为更明显观察电抗器电流中直流分量对电感量的影响,在图4-14所示的电路中,二次侧电路中通以一定的直流电流(相当电抗器电流直流分量对磁通铁芯的影响),再测量线圈的电感量 L_e。

4.6.3 实验设备

1.交流 24 V 电源,交、直流可调电源。
2.交流电压表、交流电流表、直流电流表(仪表单元)。
3.R 形变压器(T_3 单元)、C 形变压器(T_2 单元)、电阻(RP_1 单元)、可变电阻箱(可变电阻单元)、开关 SB_1、SB_2。
(4)双踪示波器。
(5)万用表。

4.6.4 实验内容与实验步骤

(1)按图4-12完成接线,变压器采用 T_3 单元(R 形),电源采用交流可调电源,电压调至 24 V,用双踪示波器观察电压 u_1 及 i_m 波形,并记录。

(2)用万用表电阻挡测出 C 形变压器(T_2 单元)一次侧电阻值并记录表4-9中,按图4-14完成接线,电源采用可调交流电源,二次侧线圈开路,调节交流电源电压值,记录下各个 U_1 电压值所对应的电流 I_1 值,并由此推算出等效电感 L_e,记录在表4-9中。

表4-9 铁芯线圈的等效电感 L_e 的测定

$r_1 = $ _____ Ω

项目	交流电源电压 U_1/V					
	4	8	12	16	20	24
I_1/A						
$Z_1 = \dfrac{U_1}{I_1}$/Ω						
$X_L = \sqrt{Z_1^2 - r_1^2}$/$\Omega$						
$L_e = \dfrac{X_L}{2\pi f}$/mH						

(3)在上面实验的基础上,保持 $U_1 = 20$ V 不变,在二次侧线圈中,接入 12 V 直流电源和可变电阻(可变电阻箱置于最大),通过改变电阻箱电阻来改变电流,测定在不同的直流电流 I_2 作用下,线圈的等效电感 L_e,记录表4-10中。

表 4 – 10　有直流分量时铁芯线圈等效电感 L_e 的测定

$U_1 = 20$ V　$r_1 = $ _____ Ω

项目	直流电流 I_2/A					
	0	0.05	0.1	0.2	0.3	0.4
I_1/A						
$Z_1 = \dfrac{U_1}{I_1}/\Omega$						
$X_L = \sqrt{Z_1^2 - r_1^2}/\Omega$						
$L_e = \dfrac{X_L}{2\pi f}/\text{mH}$						

4.6.5　实验注意事项

1. 在实验前,将可调电源调到最小值,将可调电阻箱置于最大阻值。

2. 注意双踪示波器两探头的公共端为同一线端。

3. 实验用的变压器为 5 VA、24 V/12 V 的微型变压器,其一、二次侧额定电源分别为 0.2 A 与 0.4 A,一般允许 120% 过载,短时间允许 150% 过载(时间不能过长,否则会烧坏变压器)。

4.6.6　实验报告要求

1. 根据上述实验的观察,画出变压器一次侧的电压与磁化电流 i_m 的波形,并说明可形成的原因。

2. 根据表 4 – 9 的实验数据,在坐标纸上,以 I_1 为横坐标,L_e 为纵坐标,画出铁芯线圈的等效电感 L_e 与通过的电流 I_1 间的关系曲线 $L_e = f(I_1)$。

3. 根据表 4 – 10 的实验数据,在坐标纸上,以 I_2 为横坐标,L_e 为纵坐标,画出铁芯线圈(电抗器)的等效电感 L_e 与直流分量(此处为 I_2)间的关系 $L_e = f(I_2)$。

模块5   电路暂态过程

任务5.1   一阶电路暂态过程的研究

5.1.1   实验目的

(1)研究 RC、RL 一阶电路的零输入响应、零状态响应的规律和特点。
(2)学习一阶电路时间常数的测量方法,了解电路参数对时间常数的影响。

5.1.2   实验电路与工作原理

方案一:用示波器观测。

1. RC 一阶电路的零状态响应

RC 一阶电路如图 5-1 所示,开关 S 在"1"的位置,电容上没有充电,没有储存电能,即 $U_{C(0_-)} = 0$,处于零状态,当开关 S 合向"2"的位置时,电源通过 R 向电容 C 充电,$u_c(t)$ 称为零状态响应。

由一阶电路暂态过程三要素法有

$$f(t) = f(\infty) + [f(0_+) - f(\infty)]e^{-\frac{t}{\tau}} \tag{5-1}$$

已知 $u_{C(0_+)} = u_{C(0_-)} = 0$,$u_C(\infty) = U_S$,于是有

$$u_C(t) = u_C(\infty) + [u_{C(0_+)} - u_C(\infty)]e^{-\frac{t}{\tau}}$$
$$= U_S - U_S e^{-\frac{t}{\tau}} = U_S(1 - e^{-\frac{t}{\tau}}) \tag{5-2}$$

式中,$\tau = RC$。

根据一阶电路暂态过程的三要素法,可得式(5-2)所示的暂态过程的数学表达式,由式(5-2)可得图 5-2,图 5-2 为电容器充电时,电容电压 $u_c(t)$ 的暂态过程曲线。由图 5-2 可见,时间常数 τ 的物理含义:按指数规律上升,经过 τ 秒,它达到稳态值的 63.2%,经过 5τ,它到达稳态值的 99.3%,因此一般可认为过渡过程经过 5τ 时间结束。

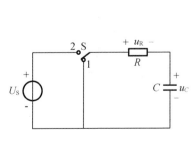

图 5-1   一阶 RC 电路

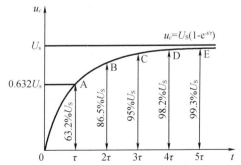

图 5-2   一阶 RC 电路零状态响应曲线

2. RC 一阶电路的零输入响应

在图 5-1 中,开关 S 在"2"的位置,待电路稳定后,再合向"1"的位置时,电容 C 通过 R 放电,由于此时输入的信号电压 $U_S = 0$,故称 $u_C(t)$ 为零输入响应。

由物理过程可知,此时 $u_{C(0_+)} = u_{C(0_-)} = U_S$, $u_C(\infty) = 0$,代入(5-1)式有

$$u_C(t) = U_S e^{-\frac{t}{\tau}} \tag{5-3}$$

式中,$\tau = RC$。

由式(5-3)可知,它是一条按指数规律衰减的电压曲线,如图 5-3 所示,按指数规律放电,经 5τ 时间后,电压仅为 $0.7\% U_S$,可以认为放电完成到达稳态,暂态过程结束。

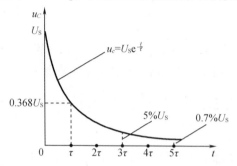

图 5-3 一阶 RC 电路的零输入响应曲线

3. 测量 RC 一阶电路时间常数 τ

为了用普通示波器观察到电路的暂态过程,需采用图 5-4 所示的电路,周期性方波 u_s 作为电路的激励信号,方波信号的周期为 T,只要满足 $\dfrac{T}{2} \geq 5\tau$,便可在示波器的荧光屏上形成稳定的响应波形,示波器接线图如 5-5 所示。

若设 $R = 330\ \Omega$,$C = 0.1\ \mu F$,则

$$\tau = RC = 330 \times 10^{-7} = 3.3 \times 10^{-5}\ s$$

方波的周期由 $\dfrac{T}{2} \geq 5\tau$,有 $T \geq 10\tau$,则

$$f = \frac{1}{T} \leq \frac{1}{10\tau} = \frac{1}{10 \times 3.3 \times 10^{-5}} \approx 3\ kHz$$

式中,$f = 1\ kHz$。

在图 5-4 中,由双踪示波器的 Y_1 探头,可得到方波电压波形,由此可读得方波电压的周期 T。

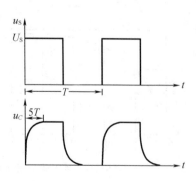

图 5-4 在方波电压作用下 $u_C(t)$ 波形图

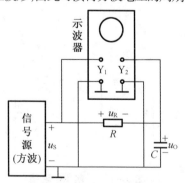

图 5-5 示波器接线图

由双踪示波器的 Y_2 探头,可得到电容电压 u_C 波形,由此可读得暂态(5τ)的时间,并由此可推算出时间常数 τ。

在图 5-1 中,以电感 $L = 15$ mH(L_1 单元)取代电容 C,如图 5-6 所示。

由于电感中的电流 i 不能突变,同样由三要素法,可得电阻电感电路电流的暂态方程,由换路定则得

$$i(0_+) = i(0_-) = 0, \quad i(\infty) = \frac{U_S}{R}$$

代入式(5-2)

$$i(t) = \frac{U_S}{R} - \frac{U_S}{R}e^{-\frac{t}{\tau}} \tag{5-4}$$

式中,$\tau = \dfrac{L}{R}$。

由式(5-4)可得

$$U_R = iR = U_S(1 - e^{-\frac{t}{\tau}}) \tag{5-5}$$

$$U_L = U_S - U_R = U_S e^{-\frac{t}{\tau}} \tag{5-6}$$

若设 $R = 330\ \Omega$,电感 $L = 15$ mH,其电阻 $R_L = 1.2\ \Omega$,则

$$\tau = \frac{L}{R + R_L} = \frac{15 \times 10^{-3}}{330 + 1.2} \approx 4.5 \times 10^{-5}\ \text{s}$$

方案二:仪表法测量。如图 5-7 所示。

在图 5-7 中,开关 S 先 打在"1"的位置,$U_{C(0_-)} = 0$,C 处于零状态,没有储存电能,开关 S 合向"2"的位置时,电源通过 R 向电容 C 充电,用直流电压表观察并测量 $u_C(t)$。

在图 5-6 中,开关 S 先 打在"1"的位置,$i_{L(0_-)} = 0$,L 处于零状态,没有储能;开关 S 合向"2"的位置时,由于电感中的电流不能跃变,同样由电流表中可以观测到 $i_L(t)$ 的变化。

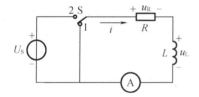 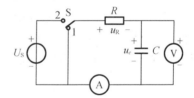

图 5-6 一阶 *RL* 零状态、零输入响应实验电路　　图 5-7 一阶 *RC* 零状态、零输入响应实验电路

5.1.3　实验设备

1. 函数信号发生器(含频率计)。
2. 直流稳压电源 0～24 V。
3. 直流指针式电压表、直流指针式电流表、秒表。
4. 电阻、电容、电感、开关。
5. 万用表。

5.1.4　实验内容与实验步骤

方案一:用示波器观测。

1. 按图 5-1 完成接线,其中 $R = 330\ \Omega$(R_2 单元),$C = 0.1\ \mu\text{F}$(C_4 单元),双踪示波器 Y_1

和 Y_2 的公共端均接电源负极(地线端),信号发生器接方波输出口。

2. 调节方波发生器的幅值,使 $U_S = 5$ V, $f = 1.0$ kHz($T = 1.0$ ms),调节示波器,使波形适中而清晰。

3. 记录下方波与 $u_c(t)$ 电压波形,并由此估算出 τ 的数值。

4. 将 R 与 C 位置互换(因 Y_1 与 Y_2 必须有公共端),记录下 $u_R(t)$ 的电压波形。

5. 在图 5 – 1 电路中,以电感 $L = 15$ mH 取代 C,保持方波电压不变,重做步骤 3 实验,记录下方波与 $u_L(t)$ 电压,并由此估算出 τ 的数值。

6. 将 R 与 L 位置互换,记录 $u_R(t)$ 的波形。

方案二:用仪表观测。

1. 取 $C = 40$ μF, $R = 150$ kΩ,电流表选用直流指针式微安表;

2. 直流稳压电源输出值调整为 $U_S = 20$ V;

3. 按照图 5 – 7 接线,开关 S 先打在"1"的位置, $U_{C(0_-)} = 0$, C 处于零状态,没有储存电能,开关 S 合向"2"的位置同时用秒表计时,观测电源通过 R 向电容 C 充电,每经过一个时间常数读一次电压、电流值,将测量结果 $u_c(t)$ 、 $i(t)$ 记录于表 5 – 1 中。为精确起见,可以反复多做几次。

4. 开关 S 合向"2"的位置稳定之后,将开关 S 打在"1"的位置同时用秒表计时,观测电容 C 通过 R 放电的过程,每经过一个时间常数读一次电压、电流值,将测量结果 $u_c(t)$ 、 $i(t)$ 记录于表 5 – 1 中。为精确起见,可以反复多做几次。

5. 取 $L = 15$ mH, $R = 330$ Ω, $U_S = 20$ V,按照图 5 – 6 接线,开关 S 先打在"1"的位置, $i_{L(0_-)} = 0$, L 处于零状态,没有储能,开关 S 合向"2"的位置同时用秒表计时,同样由电流表中可以观测到 $i_L(t)$ 、 $u_L(t)$ 的变化,每经过一个时间常数读一次电流、电压值,将测量结果记录于表 5 – 1 中。为精确起见,可以反复多做几次。

6. 开关 S 合向"2"的位置稳定之后,将开关 S 打在"1"的位置同时用秒表计时,观测 $i_L(t)$ 及 $u_L(t)$ 的变化,每经过一个时间常数读一次电流、电压值,将测量结果记录于表 5 – 1 中。为精确起见,可以反复多做几次。

表 5 – 1   一阶电路零状态、零输入响应

项目		时间/s					
		0_+	1τ	2τ	3τ	4τ	5τ
RC 电路零状态响应	u_C/V						
	i/μA						
RC 电路零输入响应	u_C/V						
	i/μA						
RL 电路零状态响应	u_C/V						
	i/μA						
RL 电路零输入响应	u_C/V						
	i/μA						

5.1.5 实验注意事项

1. 双踪示波器两个探头公共端必须是同一电位。

2. 电感 L 线圈本身也具有电阻 R_L,计算时间常数 τ 时,应将 R_L 计算进去。

5.1.6 实验报告要求

两种实验方案可以任选其一,针对方案一,完成下列要求:

1. 在一张坐标纸上,以上下三个图,对照画出方波电压 u_S、电容电压 u_C 及电阻电压 $u_R = iR$ 三个波形曲线,分析 u_S、u_C 与 u_R 三者间的关系,并由图解推算出时间常数 τ 的数值。

2. 在一张坐标纸上,以上下三个图,对照画出方波电压 u_S、电抗器电压 u_L 及电阻 R 上的电压 $u_R = iR$,并由图解推算出时间常数 τ。

针对方案二,完成下列要求:

由表 5-1 的测量数据,分别画出一阶电路的零状态、零输入响应曲线,并由曲线推算出 τ 值。

任务5.2 微分电路和积分电路及其应用

5.2.1 实验目的

1. 掌握微分电路和积分电路的特点。

2. 学会微分电路和积分电路的应用。

5.2.2 实验电路与工作原理

图 5-8(a)为 RC 串联电路,u_R 为输出量,当电路的时间常数 $\tau(\tau = RC)$ 远小于方波周期 T(即 $\tau \ll T$)时,u_C 很快充电至 u_S,电阻两端的电压 u_R 很快衰减至 0 伏,而 $u_C + u_R = u_S$,故有 $u_C \approx u_S$,

$$u_R = iR = RC\frac{\mathrm{d}u_C}{\mathrm{d}t} \approx RC\frac{\mathrm{d}u_S}{\mathrm{d}t} \tag{5-7}$$

由此 u_R 便与方波输入信号 u_S 呈微分关系。

微分电路的方波响应曲线如图 5-8(c)所示,即当 u_S 为正跃变时,C 经 R 快速充电至 u_S,u_R 快速从 u_S 衰减到 0,形成正尖脉冲,当 u_S 为负跃变时,C 经 R 快速放电至 0,u_R 与 C 充电时反向,形成负尖脉冲。

如设方波频率 $f = 1$ kHz,则周期 $T = 1 \times 10^{-6}$ s,若 $C = 0.01$ μF,$R = 100$ Ω,则时间常数 $\tau = RC = 100 \times 0.01 \times 10^{-6} = 1 \times 10^{-6}$ s,显然 $\tau \ll T$(T 为 τ 的 1 000 倍),这时图 5-8(a)电路便是微分电路。

图 5-8(b)为 RC 串联电路,由于 $i = C\dfrac{\mathrm{d}u_C}{\mathrm{d}t}$,故

$$u_C = \frac{1}{C}\int i\,\mathrm{d}t = \frac{1}{C}\int \frac{u_S - u_C}{R}\,\mathrm{d}t \tag{5-9}$$

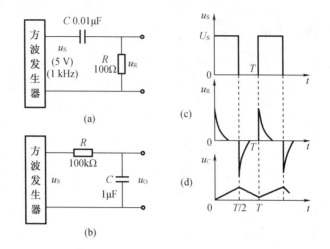

图 5 – 8   微分电路与积分电路以及它们在方波作用的输出波形

当满足电路时间常数 τ 远远大于方波周期 T(即 $\tau \gg T$)的条件时,电容 C 两端的电压 u_C (输出电压)远未充到 u_S 方波信号 u_S 就已经消失,电容 C 便开始放电,所以总有 $u_C \ll u_S$ 和 $u_S - u_C \approx u_S$ 存在,将其代入式(5 – 9)可得

$$u_C \approx \frac{1}{CR}\int u_S \mathrm{d}t \qquad\qquad (5 - 10)$$

即 u_C 与方波输入信号 u_S 呈积分关系。

积分电路的方波响应曲线如图 5 – 8(d)所示。即当 u_S 为正跃变时,C 经 R 充电,u_C 为一直上升曲线;当 u_S 为负跃变时,C 经 R 放电,则 u_C 为下降曲线。如设方波频率 $f = 1$ kHz,则周期 $T = 1 \times 10^{-3}$ s,当 $R = 100$ kΩ,$C = 1$ μF 时,则时间常数 $\tau = RC = 100 \times 10^3 \times 1 \times 10^{-6} = 0.1$ s,显然 $\tau \gg T$(大 100 倍),这时图 5 – 8(b)电路便是积分电路。

在实用中,积分电路常用作延时或缓冲(因充电瞬间,电容电压不会突变,电容电压将按指数规律上升,要经过一定时间,才能升到某指定值)、滤波(利用电容通高频、阻低频信号的特点)和积分控制(依靠积分环节,来完全消除控制偏差)等;而微分电路常用作加速传递(对突变信号,电容两端电压不能跃变的特性,电容器相当短路,可迅速传递突变信号,因此串联在控制电路中的电容,又称"加速电容")信号,将方波信号变成尖脉冲信号和实现微分控制(使系统快速响应,缩短响应时间)等。

5.2.3   实验设备

1. 函数信号发生器。

2. 100 kΩ、100 Ω、10 kΩ 电阻各 1 个,330 Ω 电阻 2 个,510 Ω 电阻 2 个;0.01 μF、0.1 μF、1 μF 电容各 1 个,0.47 μF 电容 2 个;二极管 1N4007 型 2 个;稳压管 1N4733(5V)型 1 个

(3)双踪示波器。

(4)万用表。

5.2.4   实验内容与实验步骤

1. 按图 5 – 8(a)接线,将函数信号发生器的方波输出幅值调到 $u_S = 5.0$ V,频率调整至

$f=1\text{ kHz}$。

2.用双踪示波器两个探头同时测量方波电压 u_S 波形和电阻 R 的输出电压 u_R 波形,并记录。

3.按图 5-8(b)接线,函数信号发生器的方波输出 $u_S=5.0\text{ V}$, $f=1\text{ kHz}$,用双踪示波器两个探头同时测量方波电压 u_S 波形及电容 C 的输出电压 u_C 波形,并记录。

4.在方波发生器的基础上,设计一个能产生有一定时间间隔的两个正向脉冲的电路,(在康复治疗仪中,有时会有这种要求),并用实验验证。

提示:图 5-9 是一个参考电路(注:①此电路为便于学生理解;②为了能按现有单元来选择元件)。

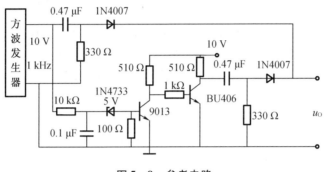

图 5-9　参考电路

5.2.5　实验注意事项

在双踪示波器上,同时观察激励信号和响应信号时,显示要稳定,如不同步,则可采用外同步法。

5.2.6　实验报告要求

1.在坐标纸上,以方波电压为参考波形,画出微分电路的输出电压波形。

2.在坐标纸上,以方波电压为参考波形,画出积分电路输出电压波形。

3.画出双脉冲电路线图(不一定与图 5-9 相同),并在坐标纸上,以方波电压为参考波形,画出双脉冲输出的电压波形。

参 考 文 献

[1] 张修达.电工技术实训[M].北京:电子工业出版社,2016.
[2] 瞿红.电工实验及计算机仿真[M].北京:中国电力出版社,2009.
[3] 张春梅,赵军亚.电子工艺实训教程[M].西安:西安交通大学出版社,2013.
[4] 冯广森.电工技术实验指导书[M].西安:西安电子科技大学出版社,2013.
[5] 石玉财,毛行标.电工实训[M].北京:机械工业出版社,2004.
[6] 黄允千.电工学实验基础[M].2 版.上海:同济大学出版社,2013.
[7] 吕庚,孟宪雷,李常峰.电气测量与实训[M].济南:山东科学技术出版社,2007.
[8] 褚南峰.电工技术实验及课程设计[M].北京:中国电力出版社,2005.